左手建筑右手设计

林徽因谈建筑与设计

林徽因 著

上海人民美术出版社

左手建筑右手设计

林徽因谈建筑与设计

目　录

建筑她说

我们的首都

中山堂

我们的首都是这样多方面的伟大和可爱，每次我们都可以从不同的事物来介绍和说明它，来了解和认识它。我们的首都是一个最富于文物建筑的名城；从文物建筑来介绍它，可以更深刻地感到它的伟大与罕贵。下面这个镜头就是我要在这里首先介绍的一个对象。

它是中山公园内的中山堂。你可能已在这里开过会，或因游览中山公园而认识了它；你也可能是没有来过首都而希望来的人，愿意对北京有个初步的了解。让我来介绍一下吧，这是一个愉快的任务。

这个殿堂的确不是一个寻常的建筑物；就是在这个满是文物建筑的北京城里，它也是极其罕贵的一个。因为它是这个古老的城中最老的一座木构大殿，它的年龄已有530岁了。它是15世纪20年代的建筑，是明朝永乐由南京重回北京建都时所造的许多建筑物之一，也是明初工艺最旺盛的时代里，我们可尊敬的无名工

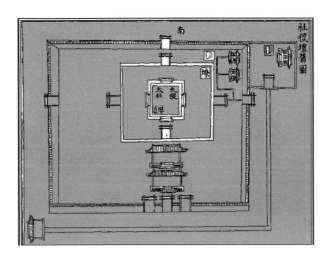

社稷坛图（洪武十年）

皇城内社稷坛（今中山公园）享殿（今中山堂）

匠们所创造的、保存到今天的一个实物。

这个殿堂过去不是帝王的宫殿，也不是佛寺的经堂；它是执行中国最原始宗教中祭祀仪节而设的坛庙中的"享殿"。中山公园过去是"社稷坛"，就是祭土地和五谷之神的地方。

凡是坛庙都用柏树林围绕，所以环境优美，成为现代公园的极好基础。社稷坛全部包括中央一广场，场内一方坛，场四面有短墙和棂星门。短墙之外，三面为神道，北面为享殿和寝殿，它们的外围又有红围墙和美丽的券洞门。正南有井亭，外围古柏参天。

中山堂的外表是个典型的大殿。白石镶嵌的台基和三道石阶，朱漆合抱的并列立柱，精致的门窗，青绿彩画的阑额，由于综错木材所组成的"斗拱"和檐椽等所造成的建筑装饰，加上黄琉璃瓦巍然耸起，微曲的坡顶，都可说是典型的、但也正是完整而美好的结构。它比例的稳重、尺度的恰当，也恰如它的作用和它的环境所需要的。它的内部不用天花顶棚，而将梁架斗拱结构全部外露，即所谓"露明造"的格式。我们仰头望去，就可以看见每一块结构的构材处理得有如装饰画那样美丽，同时又组成了巧妙的图案。当然，传统的青绿彩绘也更使它灿烂而华贵。但是明初遗物的特征是木材的优良（每柱必是整料，且以楠木为主），和匠工砍削榫卯的准确，这些都不是在外表上显著之点，而是属于它内在的品质的。

中国劳动人民所创造的这样一座优美的、雄伟的建筑物，过去只供封建帝王愚民之用，现在回到了人民的手里，它的效能，充分地被人民使用了。1949年8月，北京市第一届人民代表会议，就是在这里召开的。两年多来，这里开过各种会议百余次。这大殿是多么恰当地用作各种工作会议和报告的大礼堂！而更巧的是同社稷坛遥遥相对的太庙，也已用作首都劳动人民的文化宫了。

北京市劳动人民文化宫

北京市劳动人民文化宫是首都人民所熟悉的地方。它在天安门的左侧，同天安门右侧的中山公园正相对称。它所占的面积很大，南面和天安门在一条线上，北面背临着紫禁城前的护城河，西面由故宫前的东千步廊起，东面到故宫的东墙根止，东西宽度恰是紫禁城的一半。这里是408年以前（明嘉靖二十三年，1544年）劳动人民所辛苦建造起来的一所规模宏大的庙宇。它主要是由三座大殿、三进庭院所组成；此外，环绕着它的四周的，是一片蓊郁古劲的柏树林。

这里过去称作"太庙"，只是沉寂地供着一些死人牌位和一年举行几次皇族的祭祖大典的地方。解放以后，1950年国际劳动节，这里的大门上挂上了毛主席亲笔题的匾额——"北京市劳动人民文化宫"，它便活跃起来了。在这里面所进行的各种文化娱乐活动经常受到首都劳动人民的热烈欢迎，以至于这里林荫下的庭院和大殿里经常挤满了人，假日和举行各种展览会的时候，等待入门的行列有时一直排到天安门前。

在这里，各种文化娱乐活动是在一个特别美丽的环境中进行的。这个环境的特点有二：

一，它是故宫中工料特别精美而在四百多年中又丝毫未被伤毁的一个完整的建筑组群。

二，它的平面布局是在祖国的建筑体系中，在处理空间的方

太庙

法上最卓越的例子之一。不但是它的内部布局爽朗而紧凑，在虚实起伏之间，构成一个整体，并且它还是故宫体系总布局的一个组成部分，同天安门、端门和午门有一定的关系。如果我们从高处下瞰，就可以看出文化宫是以一个广庭为核心，四面建筑物环抱，北面是建筑的重点。它不单是一座单独的殿堂，而是前后三殿：中殿与后殿都各有它的两厢配殿和前院；前殿特别雄大，有两重屋檐，三层石基，左右两厢是很长的廊庑，像两臂伸出抱拢着前面广庭。南面的建筑很简单，就是入口的大门。在这全组建筑物之外，环绕着两重有琉璃瓦饰的红墙，两圈红墙之间，是一周苍翠的老柏树林。南面的树林是特别大的一片，造成浓荫，和北头建筑物的重点恰相呼应。它们所留出的主要空间就是那个可容万人以上的广庭，配合着两面的廊子。这样的一种空间处理，是非常适合于户外的集体活动的。这也是我们祖国建筑的优良传统之一。这种布局与中山公园中社稷坛部分完全不同，但在比重上又恰是对称的。如果说社稷坛是一个四条神道由中心向外展开的坛（仅在北面有两座不高的殿堂），文化宫则是一个由四面殿堂廊屋围拢来的庙。这两组建筑物以端门前庭为锁钥，和午门、天安门是有机地联系着的。在文化宫里，如果我们由下往上看，不但可以看到北面重檐的正殿巍然而起，并且可以看到午门上的五凤楼一角正成了它的西北面背景，早晚云霞，金瓦翚飞，气魄的雄伟，给人极深刻的印象。

故宫三大殿

北京城里的故宫中间，巍然崛起的三座大宫殿是整个故宫的

《万国来朝图轴》（清）佚名

《万国来朝图轴》（清）佚名

重点，"紫禁城"内建筑的核心。以整个故宫来说，那样庄严宏伟的气魄，那样富于组织性，又富于图画美的体形风格，那样处理空间的艺术，那样的工程技术，外表轮廓，和平面布局之间的统一的整体，无可否认的，它是全世界建筑艺术的绝品，它是一组伟大的建筑杰作，它也是人类劳动创造史中放出异彩的奇迹之一。我们有充足的理由，为我们这"世界第一"而骄傲。

三大殿的前面有两段作为序幕的布局，是值得注意的。第一段，由天安门，经端门到午门，两旁长列的"千步廊"是个严肃的开端。第二段在午门与太和门之间的小广场，更是一个美丽的前奏。这里一道弧形的金水河，和河上五道白石桥，在黄瓦红墙的气氛中，北望太和门的雄劲，这个环境适当地给三殿做了心理准备。

太和、中和、保和三座殿是前后排列着同立在一个庞大而崇高的工字形白石殿基上面的。这种台基过去称"殿陛"，共高二丈（编者注：一丈约为3.3米），分三层，每层有刻石栏杆围绕，台上列铜鼎等。台前石阶三列，左右各一列，路上都有雕镂隐起的龙凤花纹。这样大尺度的一组建筑物，是用更宏大尺度的庭院围绕起来的。广庭气魄之大是无法形容的。庭院四周有廊屋，太和与保和两殿的左右还有对称的楼阁和翼门，四角有小角楼。这样的布局是我国特有的传统，常见于美丽的唐宋壁画中。

三殿中，太和殿最大，也是全国最大的一个木构大殿。横阔十一间，进深五间，外有廊柱一列，整个殿内外立着八十四根大柱。殿顶是重檐的"庑殿式"瓦顶，全部用黄色的琉璃瓦，光泽灿烂，同蓝色天空相辉映。底下彩画的横额和斗拱，朱漆柱，金

《万国来朝图轴》（清）佚名

《燕山八景图册：琼岛春荫》（清·张若澄）

锁窗，同白石阶基也作了强烈的对比。这个殿建于康熙三十六年（1697），已有255岁，而结构整严完好如初。内部渗金盘龙柱和上部梁枋藻井上的彩画虽稍剥落，但仍然华美动人。

中和殿在工字基台的中心，平面为正方形，宋元工字殿当中的"柱廊"竟蜕变而成了今天的亭子形的方殿。屋顶是单檐"攒尖顶"，上端用渗金圆顶为结束。此殿是清初顺治三年的原物，比太和殿又早五十余年。

保和殿立在工字形殿基的北端，东西阔九间。每间尺度又都小于太和殿，上面是"歇山式"殿顶，它是明万历的"建极殿"原物，未经破坏或重建的。至今上面童柱上还留有"建极殿"标志。它是三殿中年寿最老的，已有337年的历史。

三大殿中的两殿，一前一后，中间夹着略为低小的单位所造成的格局，是它美妙的特点。要用文字形容三殿是不可能的，而同时因环境之大，摄影镜头很难把握这三殿全部的雄姿。深刻的印象，必须亲自进到那动人的环境中，才能体会得到。

北海公园

在二百多万人口的城市中，尤其是在布局谨严、街道引直、建筑物主要都左右对称的北京城中，会有像北海这样一处水阔天空、风景如画的环境，据在城市的心脏地带，实在令人料想不到，使人惊喜。初次走过横亘在北海和中海之间的金鳌玉蛛桥的时候，望见隔水的景物，真像一幅画面，给人的印象尤为深刻。耸立在水心的琼华岛，山巅白塔，林间楼台，受晨光或夕阳的渲染，景象非凡特殊，湖岸石桥上的游人或水面小船，处处也都像在画中。池沼园林是近代城市的肺腑，借以调节气候、美化环境、休息精神；北海风景区对全市人民的健康所起的作用是无法衡量的。北海在艺术和历史方面的价值都是很突出的，但更可贵的还是在它今天回到了人民手里，成为人民的公园。

我们重视北海的历史，因为它也就是北京城历史重要的一段。它是今天的北京城的发源地。远在辽代（11世纪初），琼华岛的地址就是一个著名的台，传说是"萧太后台"；到了金朝（12世纪中），统治者在这里奢侈地为自己建造郊外离宫：凿大池，改台为岛，移北宋名石筑山，山巅建美丽的大殿。元忽必烈破中都，曾住在这里。元建都时，废中都旧城，选择了这离宫地址作为他的新城，大都皇宫的核心，称北海和中海为太液池。元的三个宫分立在两岸，水中前有"瀛洲圆殿"，就是今天的团城；北面有桥通"万岁山"，就是今天的琼华岛。岛立太液池中，气势雄壮，山巅广寒殿居高临下，可以远望西山，俯瞰全城，是忽必烈的主要宫殿，也是全城最突出的重点。明毁元三宫，建造今天的故宫以后，北海和中海的地位便不同了，也不那样重要了。统治者把两海改为游宴的庭园，称作"内苑"。广寒殿废而不用，明万历时坍塌。清初开辟南海，增修许多庭园建筑；北海北岸和东岸都有个别幽静的单位。北海面貌最显著的改变是在1651年，琼华岛广寒殿旧址上，建造了今天所见的西藏式白塔。岛正南半山殿堂也改为佛寺，由石阶直升上去，遥对团城。这个景象到今天已保持整整300年了。

北海布局的艺术手法继承宫苑创造幻想仙境的传统，所以它以琼华岛仙山楼阁的姿态为主：上面是台殿亭馆；中间有岩洞石

《燕山八景图册：太液秋风》（清）张若澄

室；北面游廊环抱，廊外有白石栏檐，长达300公尺（编者注：一公尺等于一米）；中间漪澜堂，上起轩楼为远帆楼，和北岸的五龙亭隔水遥望，互见缥缈，是本着想象的仙山景物而安排的。湖心本植莲花，其间有画舫来去。北岸佛寺之外，还作小西天，又受有佛教画的影响。其他如桥亭堤岸，多少是模拟山水画意。北海的布局是有着丰富的艺术传统的。它的曲折有趣、多变化的景物，也就是它最得游人喜爱的因素。同时更因为它的水面宏阔、林岸较深、尺度大、气魄大，最适合于现代青年假期中的一切活动：划船、滑冰、登高远眺，北海都有最好的条件。

天坛

　　天坛在北京外城正中线的东边，占地差不多四千亩（编者注：一千亩约等于0.67平方千米），围绕着有两重红色围墙。墙内茂密参天的老柏树，远望是一片苍郁的绿荫。由这树林中高高耸出深蓝色伞形的琉璃瓦顶，它是三重檐子的圆形大殿的上部，尖端上闪耀着涂金宝顶。这是祖国一个特殊的建筑物，世界闻名的天坛祈年殿。由南方到北京来的火车，进入北京城后，车上的人都可以从车窗中见到这个景物。它是许多人对北京文物建筑最先的一个印象。

　　天坛是过去封建主每年祭天和祈祷丰年的地方，封建的愚民政策和迷信的产物；但它也是过去辛勤的劳动人民用血汗和智慧所创造出来的一种特殊美丽的建筑类型，今天有着无比的艺术和历史价值。

　　天坛的全部建筑分成简单的两组，安置在平舒开朗的环境

天坛祈年殿

天坛

中，外周用深深的树林围护着。南面一组主要是祭天的大坛，称作"圜丘"，和一座不大的圆殿，称"皇穹宇"。北面一组就是祈年殿和它的后殿——皇乾殿、东西配殿和前面的祈年门。这两组相距约600公尺，有一条白石大道相连。两组之外，重要的附属建筑只有向东的"斋宫"一处。外面两周的围墙，在平面上南边一半是方的，北边一半是半圆形的。这是根据古代"天圆地方"的说法而建筑的。

圜丘是祭天的大坛，平面正圆，全部白石砌成；分三层，高约一丈六尺（编者注：一尺等于33厘米）；最上一层直径九丈，中层十五丈，底层二十一丈。每层有石栏杆绕着，三层栏板共合成360块，象征"周天360度"。各层四面都有九步台阶。这座坛全部尺寸和数目都用一、三、五、七、九的"天数"或它们的倍数，是最典型的封建迷信结合的要求。但在这种苛刻条件下，智慧的劳动人民却在造型方面创造出一个艺术杰作。这座洁白如雪、重叠三层的圆坛，周围环绕着玲珑像花边般的石刻栏杆，形体是这样的美丽，它永远是个可珍贵的建筑物，点缀在祖国的地面上。

圜丘北面棂星门外是皇穹宇。这座单檐的小圆殿的作用是存放神位木牌（祭天时"请"到圜丘上面受祭，祭完送回）。最特殊的是它外面周绕的围墙，平面作成圆形，只在南面开门。墙面是精美的磨砖对缝，所以靠墙内任何一点，向墙上低声细语，他人把耳朵靠近其他任何一点，都可以清晰听到。人们都喜欢在这里做这种"声学游戏"。

祈年殿是祈谷的地方，是个圆形大殿，三重蓝色琉璃瓦檐，最上一层上安金顶。殿的建筑用内外两周的柱，每周十二根，里面更立四根"龙井柱"。圆周十二间都安格扇门，没有墙壁，庄严中呈现玲珑。这殿立在三层圆坛上，坛的样式略似圜丘而稍大。

天坛部署的规模是明嘉靖年间制定的。现存建筑中，圜丘和皇穹宇是清乾隆八年（1743）所建。祈年殿在清光绪十五年雷火焚毁后，又在第二年（1890）重建。祈年门和皇乾殿是明嘉靖二十四年（1545）原物。现在祈年门梁下的明代彩画是罕有的历史遗物。

颐和园

在中国历史中，城市近郊风景特别好的地方，封建主和贵族豪门等总要独霸或强占，然后再加以人工的经营来做他们的"禁苑"或私园。这些著名的御苑、离宫、名园，都是和劳动人民的血汗和智慧分不开的。他们凿了池或筑了山，建造了亭台楼阁，栽植了树木花草，布置了回廊曲径、桥梁水榭，在许许多多巧妙的经营与加工中，才把那些离宫或名园提到了高度艺术的境地。现在，这些可宝贵的祖国文化遗产，都已回到人民手里了。

北京西郊的颐和园，在著名的圆明园被帝国主义侵略军队毁了以后，是中国四千年封建历史里保存到今天的最后的一个大"御苑"。颐和园周围十三华里（编者注：1华里等于0.5千米），园内有山有湖。倚山临湖的建筑单位大小数百，最有名的长廊，东西就长达一千几百尺，共计273间。

颐和园的湖、山基础，是经过金、元、明三朝所建设的。清朝规模最大的修建开始于乾隆十五年（1750），当时本名清漪园，山名万寿，湖名昆明。1860年，清漪园和圆明园同遭英法联军毒辣的破坏。前山和西部大半被毁，只有山巅琉璃砖造的建筑和"铜亭"得免。

前山湖岸全部是光绪十四年（1888）所重建。那时西太后那拉氏专政，为自己做寿，竟挪用了海军造船费来修建，改名颐和园。

颐和园规模宏大，布置错杂，我们可以分成后山、前山、东宫门、南湖和西堤等四大部分来了解它。

第一部分后山，是清漪园所遗留下来的艺术面貌，精华在万寿山的北坡和坡下的苏州河。东自"赤城霞起"关口起，山势起伏，石路回转，一路在半山经"景福阁"到"智慧海"，再向西到"画中游"。一路沿山下河岸，处处苍松深郁和桃树错落，是初春清明前后游园最好的地方。山下小河（或称后湖）曲折，忽狭忽阔；沿岸模仿江南风景，故称"苏州街"，河也名"苏州河"。正中北宫门入园后，有大石桥跨苏州河上，向南上坡是"后大庙"旧址，今称"须弥灵境"。这些地方，今天虽已剥落荒凉，但环境幽静，仍是颐和园最可爱的一部。东边"谐趣园"是仿无锡惠山园的风格，当中荷花池，四周有水殿曲廊，极为别致。西面通到前湖的小苏州河，岸上东有"买卖街"（现已不存），俨如江南小镇。更西的长堤垂柳和六桥是仿杭州西湖六桥建设的。这些都是模仿江南山水的一个系统的造园手法。

第二部分前山湖岸上的布局，主要是排云殿、长廊和石舫。排云殿在南北中轴线上。这一组由临湖一座牌坊起，上到排云殿，再上到佛香阁；倚山建筑，巍然耸起，是前山的重点。佛香

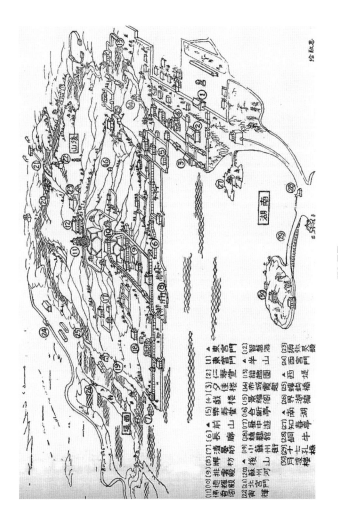

颐和园图

(1)(10)(9)(8)(7)(6)▲(5)▲(4)(3)(2)(1)▲
佛德排德清长廊乐戏夕仁东
香殿云观乐亭台楼殿寿宫
阁　殿　　　　　　　堂门

(22)(21)(20)▲(19)(18)(17)(16)(15)(14)(13)(12)
寄土苏后益苏景谐半智东
澜门河州山州福趣桥城宫
堂　　　街　阁园　关门

(30)(29)(28)(27)(26)(25)(24)(23)
玉十七南耶西宿绣
澜七孔湖蜡湖宫漪
堂楼桥岛庙堤　桥　桥

湖南

绘敬思

阁是八角钻尖顶的多层建筑物，立在高台上，是全山最高的突出点。这一组建筑的左右还有"转轮藏"和"五方阁"等宗教建筑物。附属于前山部分的还有米山上几处别馆如"景福阁""画中游"等。沿湖的长廊和中线成丁字形；西边长廊尽头处，湖岸转北到小苏州河，傍岸处就是著名的"石舫"，名清宴舫。前山着重侈大、堂皇富丽，和清漪园时代重视江南山水的曲折大不相同；前山的安排，是"仙山蓬岛"的格式，略如北海琼华岛，建筑物倚山层层上去，成一中轴线，以高耸的建筑物为结束。湖岸有石栏和游廊。对面湖心有远岛，以桥相通，也如北海团城。只是岛和岸的距离甚大，通到岛上的十七孔长桥，不在中线，而由东堤伸出，成为远景。

第三部分是东宫门入口后的三大组主要建筑物：一是向东的仁寿殿，它是理事的大殿；二是仁寿殿北边的德和园，内中有正殿、两廊和大戏台；三是乐寿堂，在德和园之西。这是那拉氏居住的地方。堂前向南临水有石台石阶，可以由此上下船。这些建筑拥挤繁复，像城内府第，堵塞了入口，向后山和湖岸的合理路线被建筑物阻挡割裂，今天游园的人，多不知有后山，进仁寿殿或德和园之后，更有迷惑在院落中的感觉，直到出了乐寿堂西门，到了长廊，才豁然开朗，见到前面湖山。这一部分的建筑物为全园布局上的最大弱点。

第四部分是南湖洲岛和西堤。岛有五处，最大的是月波楼一组，或称龙王庙，有长桥通东堤。其他小岛非船不能达。西堤由北而南成一弧线，分数段，上有六座桥。这些都是湖中的点缀，为北岸的远景。

天宁寺塔

北京广安门外的天宁寺塔,是北京城内和郊外的寺塔中完整立着的一个最古的建筑纪念物。这个塔是属于一种特殊的类型:平面作八角形,砖筑实心,外表主要分成高座、单层塔身和上面的多层密檐三部分。座是重叠的两组须弥座,每组中间有一道"束腰",用"间柱"分成格子,每格中刻一浅龛,中有浮雕,上面用一周砖刻斗拱和栏杆,故极富于装饰性。座以上只有一单层的塔身,托在仰翻的大莲瓣上,塔身四正面有拱门,四斜面有窗,还有浮雕力神像等。塔身以上是十三层密密重叠着的瓦檐。第一层檐以上,各檐中间不露塔身,只见斗拱;檐的宽度每层缩小,逐渐向上递减,使塔的轮廓成缓和的弧线。塔顶的"刹"是佛教的象征物,本有"覆钵"和很多层"相轮",但天宁寺塔上只有宝顶,不是一个刹,而十三层密檐本身却有了相轮的效果。

这种类型的塔,轮廓甚美,全部稳重而挺拔。层层密檐的支出使檐上的光和檐下的阴影构成一明一暗;重叠而上,和素面塔身起反衬作用,是最引人注意的宜于远望的处理方法。中间塔身略细,约束在檐以下、座以上,特别显得窈窕。座的轮廓也因有伸出和缩紧的部分,更美妙有趣。塔座是塔底部的重点,远望清晰伶俐;近望则见浮雕的花纹、走兽和人物,精致生动,又恰好收到最大的装饰效果。它是砖造建筑艺术中的极可宝贵的处理手法。

分析和比较祖国各时代各类型的塔,我们知道南北朝和隋朝的木塔的形状,但实物已不存。唐代遗物主要是砖塔,都是多层方塔,如西安的大雁塔和小雁塔。唐代虽有单层密檐塔,但平

天宁寺塔

天宁寺塔局部

面为方形，且无须弥座和斗拱，如嵩山的永泰寺塔。中原山东等省以南，山西省以西，五代以后虽有八角塔，而非密檐，且无斗拱，如开封的"铁塔"。在江南，五代两宋虽有八角塔，却是多层塔身的，且塔身虽砖造，每层都用木造斗拱和木檩托檐，如苏州虎丘塔、罗汉院双塔等。检查天宁寺塔每一细节，我们今天可以确凿地断定它是辽代的实物，清代石碑中说它是"隋塔"是错误的。

这种单层密檐的八角塔只见于河北省和东北。最早有年月可考的都属于辽金时代（11至13世纪），如房山云居寺南塔北塔、正定青塔、通州塔、辽阳白塔寺塔等。但明清还有这形制的塔，如北京八里庄塔。从它们分布的地域和时代看来，这类型的塔显然是契丹民族（满族祖先的一支）的劳动人民和当时移居辽区的汉族匠工们所合力创造的伟绩，是他们对于祖国建筑传统的一个重大贡献。天宁寺塔经过这九百多年的考验，仍是一座完整而美丽的纪念性建筑，它是今天北京最珍贵的艺术遗产之一。

北京近郊的三座"金刚宝座塔"
——西直门外五塔寺塔、德胜门外西黄寺塔和香山碧云寺塔

北京西直门外五塔寺的大塔，形式很特殊：它是建立在一个巨大的台子上面，由五座小塔所组成的。佛教术语称这种塔为"金刚宝座塔"。它是模仿印度佛陀伽蓝的大塔建造的。

金刚宝座塔的图样，是1413年（明永乐时代）西番班迪达来中国时带来的。永乐帝朱棣，封班迪达做大国师，建立大正觉寺——即五塔寺——给他住。到了1473年（明成化九年）便在寺

碧云寺金刚宝座塔

天

西黄寺班禅喇嘛塔

中仿照了印度式样，建造了这座金刚宝座塔。清朝乾隆时代又仿照这个类型，建造了另外两座。一座就是现在德胜门外的西黄寺塔，另一座是香山碧云寺塔。这三座塔虽同属于一个格式，但每座各有很大变化，和中国其他的传统风格结合而成。它们具体地表现出祖国劳动人民灵活运用外来影响的能力，他们有大胆变化、不限制于模仿的创造精神。在建筑上，这样主动地吸收外国影响和自己民族形式相结合的例子是极值得注意的。同时，介绍北京这三座塔并指出它们的显著的异同，也可以增加游览者对它们的认识和兴趣。

五塔寺在西郊公园北面约二百公尺。它的大台高五丈，上面立五座密檐的方塔，正中一座高十三层，四角每座高十一层。中塔的正南，阶梯出口的地方有一座两层檐的亭子，上层瓦顶是圆的。大台的最底层是个"须弥座"，座之上分五层，每层伸出小檐一周，下雕并列的佛龛，龛和龛之间刻菩萨立像。最上层是女儿墙，也就是大台的栏杆。这些上面都有雕刻，所谓"梵花、梵宝、梵字、梵像"。大台的正门有门洞，门内有阶梯在台身里，盘旋上去，通到台上。

这塔全部用汉白石建造，密密地布满雕刻。石里所含铁质经过五百年的氧化，呈现出淡淡的橙黄的颜色，非常温润而美丽。过于烦琐的雕饰本是印度建筑的弱点，中国匠人却创造了自己的适当的处理。他们智慧地结合了祖国的手法特征，努力控制了凹凸深浅的重点。每层利用小檐的伸出和佛龛的深入，做成阴影较强烈的部分，其余全是极浅的浮雕花纹。这样，便纠正了一片杂乱繁缛的感觉。

西黄寺塔，也称作班禅喇嘛净化城塔，建于1779年。这座塔的形式和大正觉寺塔一样，也是五座小塔立在一个大台上面。所不同的，在于这五座塔本身的形式。它的中央一塔为西藏式的喇嘛塔（如北海的白塔），而它的四角小塔，却是细高的八角五层的"经幢"；并且在平面上，四小塔的座基突出于大台之外，南面还有一列石阶引至台上。中央塔的各面刻有佛像、草花和凤凰等，雕刻极为细致富丽，四个幢主要一层素面刻经，上面三层刻佛龛与莲瓣。全组呈窈窕玲珑的印象。

碧云寺塔和以上两座又都不同。它的大台共有三层，底下两层是月台，各有台阶上去。最上层做法极像五塔寺塔，刻有数层佛龛，阶梯也藏在台身内。但它上面五座塔之外，南面左右还有两座小喇嘛塔，所以共有七座塔了。

这三处仿印度式建筑的遗物，都在北京近郊风景区内。同式样的塔，国内只有昆明官渡镇有一座，比五塔寺塔更早了几年。

鼓楼、钟楼和什刹海

北京城在整体布局上，一切都以城中央一条南北中轴线为依据。这条中轴线以永定门为南端起点，经过正阳门、天安门、午门、前三殿、后三殿、神武门、景山、地安门一系列的建筑重点，最北就结束在鼓楼和钟楼那里。北京的钟楼和鼓楼不是东西相对，而是在南北线上，一前一后的两座高耸的建筑物。北面城墙正中不开城门，所以这条长达八公里的南北中线的北端就终止在钟楼之前。这个伟大气魄的中轴直串城心的布局是我们祖先杰出的创造。鼓楼面向着广阔的地安门大街，地安门是它南面的

鼓楼和钟楼

"对景"，钟楼峙立在它的北面，这样三座建筑便合成一组庄严的单位，适当地作为这条中轴线的结束。

鼓楼是一座很大的建筑物，第一层雄厚的砖台，开着三个发券的门洞。上面横列五间重檐的木构殿楼，整体轮廓强调了横亘的体形。钟楼在鼓楼后面不远，是座直立耸起、全部砖石造的建筑物；下层高耸的台，每面只有一个发券门洞。台上钟亭也是每面一个发券的门。全部使人有浑雄坚实地矗立的印象。钟、鼓两楼在对比中，一横一直，形成了和谐美妙的组合。明朝初年智慧的建筑工人和当时的"打图样"的师父们就这样朴实、大胆地创造了自己城市的立体标志，充满了中华民族特征的不平凡的风格。

钟、鼓楼西面俯瞰什刹海和后海。这两个"海"是和北京历史分不开的。它们和北海、中海、南海是一个系统的五个湖沼。12世纪中建造"大都"的时候，北海和中海被划入宫苑（那时还没有南海），什刹海和后海留在市区内。当时有一条水道由什刹海经现在的北河沿、南河沿、六国饭店出城通到通州，衔接到运河。江南运到的粮食便在什刹海卸货，那里船帆桅杆十分热闹，它的重要性正相同于我们今天的前门车站。到了明朝，水源发生问题，水运只到东郊，什刹海才丧失了作为交通终点的身份。尤其难得的是它外面始终没有围墙把它同城区阻隔，正合乎近代最理想的市区公园的布局。

海的四周本有十座佛寺，因而得到"什刹"的名称。这十座寺早已荒废。清朝末年，这里周围是茶楼、酒馆和杂耍场子等。但湖水逐渐淤塞，虽然夏季里香荷一片，而水质污秽、蚊虫孳生已威胁到人民的健康。解放后人民自己的政府首先疏浚全城水道系统，将什刹海掏深，砌了石岸，使它成为一片清澈的活水，又将西侧小海改为可容四千人的游泳池。两年来那里已成劳动人民夏天中最喜爱的地点。垂柳倒影，隔岸可遥望钟楼和鼓楼，它已真正地成为首都的风景区。并且这个风景区还正在不断地建设中。

在全市来说，由地安门到钟、鼓楼和什刹海是城北最好的风景区的基础。现在鼓楼上面已是人民的第一文化馆，小海已是游泳池，又紧接北海。这一个美好环境，由钟、鼓楼上远眺更为动人。不但如此，首都的风景区是以湖沼为重点的，水道的连接将成为必要。什刹海若予以发展，将来可能以金水河把它同颐和园的昆明湖连结起来。那样，人们将可以在假日里从什刹海坐着小船经由美丽的西郊，直达颐和园了。

雍和宫

北京城内东北角的雍和宫，是二百十几年来北京最大的一座喇嘛寺院。喇嘛教是蒙藏两族所崇奉的宗教，但这所寺院因为建筑的宏丽和佛像雕刻等的壮观，一向都非常著名，所以游览首都的人们，时常来到这里参观。这一组庄严的大建筑群，是过去中国建筑工人以自己传统的建筑结构技术来适应喇嘛教的需要所创造的一种宗教性的建筑类型，就如同中国工人曾以本国的传统方法和民族特征解决过回教的清真寺或基督教的礼拜堂的需要一样。这寺院的全部是一种符合特殊实际要求的艺术创造，在首都的文物建筑中间，它是不容忽视的一组建筑遗产。

雍和宫曾经是胤禛（清雍正）做王子时的府第。在1734年改建为喇嘛寺。

雍和宫的大布局，紧凑而有秩序，全部由南北一条中轴线贯穿着。由最南头的石牌坊起到"玻璃花门"是一条"御道"——也像一个小广场。两旁十几排向南并列的僧房就是喇嘛们的宿舍。由琉璃花门到雍和门是一个前院，这个前院有古槐的幽荫，南部左右两角立着钟楼和鼓楼，北部左右有两座八角的重檐亭子，更北的正中就是雍和门；雍和门规模很大，才经过修缮油饰。由此北进共有三个大庭院，五座主要大殿院。第一院正中的主要大殿称作雍和宫，它的前面中线上有碑亭一座和一个雕刻精美的铜香炉，两边配殿围绕到它后面一殿的两旁，规模极为宏壮。

全寺最值得注意的建筑物是第二院中的法轮殿，其次便是它后面的万佛楼。它们的格式都是很特殊的。法轮殿主体是七间大殿，但它的前后又各出五间"抱厦"，使平面成十字形。殿的瓦顶上面突出五个小阁，一个在正脊中间，两个在前坡的左右，两个在后坡的左右。每个小阁的瓦脊中间又立着一座喇嘛塔。由于宗教上的要求，五塔寺金刚宝座塔的型式很巧妙地这样组织到纯粹中国式的殿堂上面，成了中国建筑中一个特殊例子。

万佛楼在法轮殿后面，是两层重檐的大阁。阁内部中间有一尊五丈多高的弥勒佛大像，穿过三层楼井，佛像头部在最上一层的屋顶底下。据说这个像的全部是由一整块檀香木雕成的。更特殊的是万佛楼的左右另有两座两层的阁，从这两阁的上层用斜廊——所谓飞桥——和大阁相联系。这是敦煌唐朝画中所常见的格式，今天还有这样一座存留着，是很难得的。

雍和宫最北部的绥成殿是七间，左右楼也各是七间，都是两层的楼阁，在我们的最近建设中，我们极需要参考本国传统的楼屋风格，从这一组两层建筑物中，是可以得到许多启示的。

故宫

北京的故宫现在是首都的故宫博物院。故宫建筑的本身就是这博物院中最重要的历史文物。它综合形体上的壮丽、工程上的完美和布局上的庄严秩序，成为世界上一组最优异、最辉煌的建筑纪念物。它是我们祖国多少年来劳动人民智慧和勤劳的结晶，它有无比的历史和艺术价值。全宫由"前朝"和"内廷"两大部分组成；四周有城墙围绕，墙下是一周护城河。城四角有角楼，四面各有一门：正南是午门，门楼壮丽称五凤楼；正北称神武门；东西两门称东华门、西华门。全组统称"紫禁城"。隔河遥望红墙、黄瓦、宫阙、角楼的任何一角都是宏伟秀丽、气象万千。

前朝正中的三大殿是宫中前部的重点，阶陛三层，结构崇伟，为建筑造型的杰作。东侧是文华殿，西侧是武英殿，这两组与太和门东西并列，左右衬托，构成三殿前部的格局。

内廷是封建皇帝和他的家族居住和办公的部分。因为是所谓皇帝起居的地方，所以借重了许多严格部署的格局和外表形式上的处理来强调这独夫的"至高无上"。因此内廷的布局仍是采用左右对称的格式，并且在部署上象征天上星宿等等。例如内廷中间，乾清、坤宁两宫就是象征天地；中间过殿名交泰，就取"天

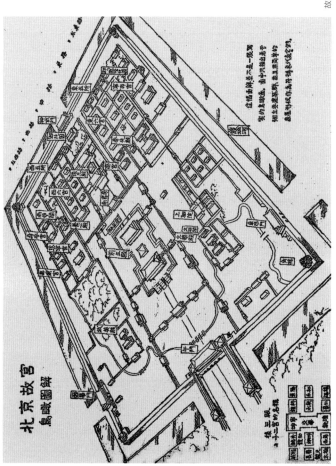

北京故宫
鸟瞰图解

地交泰"之义。乾清宫前面的东西两门名曰精、月华，象征日月。后面御花园中最北一座大殿——钦安殿，内中还供奉着"玄天上帝"的牌位。故宫博物院称这部分作"中路"，它也就是前王殿中轴线的延续，也是全城中轴的一段。

"中路"两旁两条长夹道的东西，各列六个宫，每三个为一路，中间有南北夹道。这十二个宫象征十二星辰。它们后部每面有五个并列的院落，称东五所、西五所，也象征众星拱辰之义。十二宫是内宫眷属"妃嫔""皇子"等的住所，它和中间的"后三殿"就是紫禁城后半部的核心。现在博物院称东西六宫等为"东路"和"西路"，按日轮流开放。西六宫曾经改建，储秀和翊坤两宫之间增建一殿，成了一组。长春和太极之间，也添建一殿，成为一组，格局稍变。东六宫中的延禧，曾参酌西式改建"水晶宫"而未成。

三路之外的建筑是比较不规则的。主要的有两种：一种是在中轴两侧，东西两路的南头，十二宫的面的重要前宫殿。西边是养心殿一组，它正在"外朝"和"内廷"之间偏东的位置上，是封建主实际上日常起居的地方。中轴东边与它约略对称的是斋宫和奉先殿。这两组与乾清宫的关系就相等于文华、武英两殿与太和殿的关系。另一类是核心外围规模较十二宫更大的宫。这些宫是建筑给封建主的母后居住的。每组都有前殿、后寝、周围廊子、配殿、宫门等。西边有慈宁、寿康、寿安等宫。其中夹着一组佛教庙宇雨花阁，规模极大。总称为"外西路"。东边的"外东路"只有直串南北、范围巨大的宁寿宫一组。它本是玄烨（康熙）的母亲所居，后来弘历（乾隆）将政权交给儿子，自己退老住在这里，增建了许多繁缛巧丽的亭园建筑，所以称为"乾隆花园"。它是故宫后部核心以外最特殊也最奢侈的一个建筑组群，且是清代日趋烦琐的宫廷趣味的代表作。

故宫后部虽然"千门万户"，建筑密集，但它们仍是有秩序的布局。中轴之外，东西两侧的建筑物也是以几条南北轴线为依据的。各轴线组成的建筑群以外的街道形成了细长的南北夹道。主要的东一长街和西一长街的南头就是通到外朝的"左内门"和"右内门"，它们是内廷和前朝联系的主要交通线。

除去这些"宫"与"殿"之外，紫禁城内还有许多服务单位如上驷院、御膳房和各种库房及值班守卫之处。但威名煊赫的"南书房"和"军机处"等宰相大臣办公的地方，实际上只是乾清门旁边几间廊庑房舍。军机处还不如上驷院里一排马厩！封建帝王残酷地驱役劳动人民为他建造宫殿，他养尊处优，享乐排场无所不至，而即使是对待他的军机大臣也仍如奴隶。这类事实可由故宫的建筑和布局反映出来。紫禁城全部建筑也就是最丰富的历史材料。

共11节，各节分别初刊于1952年《新观察》1月1日第1期、1月16日第2期、2月1日第3期、2月16日第4期、3月16日第5期、4月16日第6期、5月1日第7期、5月16日第8期、6月1日第9期、6月16日第10期、7月1日第11期，均署名林徽因。

北京——都市计划的无比杰作

　　人民中国的首都北京，是一个极年老的旧城，却又是一个极年轻的新城。北京曾经是封建帝王威风的中心，军阀和反动势力的堡垒，今天它却是初落成的，照耀全世界的民主灯塔。它曾经是没落到只能引起无限"思古幽情"的旧京，也曾经是忍受侵略者铁蹄践踏的沦陷城，现在它却是生气蓬勃地在迎接社会主义曙光中的新首都。它有丰富的政治历史意义，更要发展无限文化上的光辉。

　　构成整个北京的表面现象的是它的许多不同的建筑物，那显著而美丽的历史文物是艺术的表现：如北京雄劲的周围城墙、城门上嶙峋高大的城楼、围绕紫禁城的黄瓦红墙、御河的栏杆石桥、宫城上窈窕的角楼、宫廷内宏丽的宫殿，或是园苑中妩媚的廊庑亭、热闹的市心里牌楼店面，和那许多坛庙、塔寺、宅第、民居。它们是个别的建筑类型，也是个别的艺术杰作。每一类、每一座，都是过去劳动人民血汗创造的优美果实，给人以深刻的印象；今天这些都回到人民自己手里，我们对它们宝贵万分是理之当然。但是，最重要的还是这各种类型，各个或各组的建筑物的全部配合；它们与北京的整个布局的关系；它们的位置和街道系统如何相辅相成；如何集中与分布；引直与对称；前后左右，高下起落，所组织起来的北京的全部部署的庄严秩序，怎样成为宏壮而又美丽的环境。北京是在全盘的处理上才完整地表现出伟大的中华民族建筑的传统手法和在都市计划方面的智慧与气魄。这整个的体形环境增强了我们对于伟大的祖先的景仰、对于中华民族文化的骄傲、对于祖国的热爱。北京对我们证明了我们的民族在适应自然、控制自然、改变自然的实践中有着多么光辉的成就。这样一个城市是一个举世无匹的杰作。

我们承继了这份宝贵的遗产，的确要仔细地了解它——它的发展的历史、过去的任务、同今天的价值。不但对于北京个别的文物，我们要加深认识，且要对这个部署的体系提高理解，在将来的建设发展中，我们才能保护固有的精华，才不至于使北京受到不可补偿的损失。并且也只有深入的认识和热爱北京独立的和谐的整体格调，才能掌握它原有的精神来作更辉煌的发展，为今天和明天服务。

北京城的特点是热爱北京的人们都大略知道的。我们就按着这些特点分述如下。

我们的祖先选择了这个地址[1]

北京在位置上是一个杰出的选择。它在华北平原的最北头；处于两条约略平行的河流的中间，它的西面和北面是一弧线的山脉围抱着，东面南面则展开向着大平原。它为什么坐落在这个地

1 本节的主要资料是根据燕京大学侯仁之教授在清华的讲演《北京的地理背景》写成的。

《燕山八景图册：西山晴雪》（清）张若澄

点是有充足的地理条件的。选择这地址的本身就是我们祖先同自然斗争的生活所得到的智慧。

北京的高度约为海拔50公尺，地学家所研究的资料告诉我们，在它的东南面比它低下的地区，四五千年前还都是低洼的湖沼地带。所以历史家可以推测，由中国古代的文化中心的"中原"向北发展，势必沿着太行山麓这条50公尺等高线的地带走。因为这一条路要跨渡许多河流，每次便必须在每条河流的适当的渡口上来往。当我们的祖先到达永定河的右岸时，经验使他们找到那一带最好的渡口。这地点正是我们现在的卢沟桥所在。渡过了这个渡口之后，正北有一支西山山脉向东伸出，挡住去路，往东走了十余公里这支山脉才消失到一片平原里。所以就在这里，西倚山麓，东向平原，一个农业的民族建立了一个最有利于发展的聚落，当然是适当而合理的。北京的位置就这样地产生了。并且也就在这里，他们有了更重要的发展。同北面的游牧民族开始接触，是可以由这北京的位置开始，分三条主要道路通到北面的山岳高原和东北面的辽东平原的。那三个口子就是南口、古北口和山海关。北京可以说是向着这三条路出发的分岔点，这也成了今天北京城主要构成原因之一。北京是河北平原旱路北行的终点，又是通向"塞外"高原的起点。我们的祖先选择了这地方，不但建立一个聚落，并且发展成中国古代边区的重点，完全是适应地理条件的活动。这地方经过世代的发展，在周朝为燕国的都邑，称作蓟；到了唐是幽州城，节度使的府衙所在。在五代和北宋是辽的南京，亦称作燕京；在南宋是金的中都。到了元朝，城的位置东移，建设一新，成为全国政治的中心，就成了今天北京的基础。最难得的是明清两代易朝换代的时候都未经太大的破坏就又在旧基础上修建展拓，随着条件发展。到了今天，城中每段街、每一个区域都有着丰富的历史和劳动人民血汗的成绩。有纪念价值的文物实在是太多了。

北京城近千年来的四次改建

一个城是不断地随着政治经济的变动而发展着、改变着的，北京当然也非例外。但是在过去一千年中间，北京曾经有过四次大规模的发展，不单是动了土木工程，并且是移动了地址的大修建。对这些变动有个简单认识，对于北京城的布局形势便更觉得亲切。

现在北京最早的基础是唐朝的幽州城，它的中心在现在广安门外迤南一带。本为范阳节度使的驻地，安禄山和史思明向唐代政权进攻曾由此发动，所以当时是军事上重要的边城。后来刘仁恭父子割据称帝，把城中的"子城"改建成宫城的规模，有了宫殿。937年，北方民族的辽势力渐大，五代的石晋割了燕云等十六州给辽，辽人并不曾改动唐的幽州城，只加以修整，将它"升为南京"。这时的北京开始成为边疆上一个相当区域的政治中心了。

到了更北方的民族金人侵入时，先灭辽，又攻败北宋，将宋的势力压缩到江南地区，自己便承袭辽的"南京"，以它为首都。起初金也没有改建旧城，1151年才大规模地将辽城扩大，增建宫殿，有意识地模仿北宋汴梁的形制，按图兴修。金把宋东京汴梁（开封）的宫殿苑囿和真定（正定）的潭园木料拆卸北运，在此大大建设起来，称它作中都，这时的北京便成了半个中国的中心。当然，许多辉煌的建筑仍然是中都的劳动人民和技术匠人，承继着北宋工艺的宝贵传统，创造出来的。在金人进攻掳夺"中原"的时候，"匠户"也是他们掳劫的对象，所以汴梁的许多匠人曾被迫随着金军到了北京，为金的统治阶级服务。金朝在北京曾不断地营建，规模宏大，最重要的还有当时的离宫，今天的中海、北海。辽以后，金在旧城基础上扩充建设，便是北京第一次的大改建，但它的东面城墙还在现在的琉璃厂以西。

1215年元人破中都，中都的宫城同宋的东京一样遭到剧烈破坏，只有郊外的离宫大略完好。1260年以后，元世祖忽必烈数次到金故中都，都没有进城而驻跸在离宫琼华岛上的宫殿里。这地方便成了今天北京的胚胎，因为到了1267年元代开始建城的时候，就以这离宫为核心建造了新首都。元大都的皇宫是围绕北海和中海而布置的，元代的北京城便围绕着这皇宫成一正方形。

这样，北京的位置由原来的地址向东北迁移了很多。这新城的西南角同旧城的东北角差不多接壤，这就是今天的宣武门迤西一带。虽然金城的北面在现在的宣武门内，当时元的新城最南一面却只到现在的东西长安街一线上，所以两城还隔着一个小距离。主要原因是当元建新城时，金的城墙还没有拆掉。元代这次新建设是非同小可的，城的全部是一个完整的布局。在制度上有许多仍是承袭中都的传统，只是规模更大了。如宫门楼观、宫墙角楼、护城河、御路、石桥、千步廊的制度，不但保留中都所有，且超过汴梁的规模。还有故意恢复一些古制的，如"左祖右社"的格式，以配合"前朝后市"的形势。

北京的体形发展及其城市格式

这一次新址发展的主要存在基础不仅是有天然湖沼的离宫和它优良的水源，还有极好的粮运的水道。什刹海曾是航运的终点，而后成了重要的市中心。当时的城是近乎正方形的，北面在今日北城墙外约两公里，当时的鼓楼位置在全城的中心点上，在今什刹海北岸。因为船只可以在这一带停泊，钟鼓楼自然是那时热闹的商市中心。这虽是地理条件所形成，但一向许多人说到元代北京形制，总以这"前朝后市"为严格遵循古制的证据。元时建的尚是土城，没有砖面，东、西、南、每面三门；唯有北面只有两门，街道引直，部署井然。当时分全市为五十坊，鼓励官吏人民从旧城迁来。这便是辽以后北京第二次的大改建。它的中心宫城基本上就是今天北京的故宫与北海中海。

1368年明太祖朱元璋灭了元朝，次年就"缩城北五里"（编者注：1里等于500米），筑了今天所见的北面城墙。原因显然是本来人口就稀疏的北城地区，到了这时，因航运滞塞，不能达到什刹海，因而更萧条不堪，而商业则因金的旧城东壁原有的基础渐在元城的南面郊外繁荣起来。元的北城内地址自多旷废无用，所以索性缩短五里了。

明成祖朱棣迁都北京后，因衙署不足，又没有地址兴修，1419年便将南面城墙向南展拓，由长安街线上移到现在的位置。南北两墙改建的工程使整个北京城约略向南移动四分之一，这完全是经济和政治的直接影响。且为了元的故宫已故意被破坏过，重建时就又做了若干修改。最重要的是因不满城中南北中轴线为什刹海所切断，将宫城中线向东移了约150公尺，正阳门、钟鼓楼也随着东移，以取得由正阳门到鼓楼钟楼中轴线的贯通，同时又以景山横亘在皇宫北面如一道屏风。这个变动使景山中峰上的亭子成了全城南北的中心，替代了元朝的鼓楼的地位。这五十年间陆续完成的三次大工程便是北京在辽以后的第三次改建。这时的北京城就是今天北京的内城了。

在明中叶以后，东北的军事威胁逐渐强大，所以要在城的四面再筑一圈外城。原拟在北面利用元旧城，所以就决定内外城的距离照着原来北面所缩的五里。这时正阳门外已非常繁荣，西边宣武门外是金中都东门内外的热闹区域，东边崇文门外这时受航运终点的影响，工商业也发展起来。所以工程由南面开始，先筑南城。开工之后，发现费用太大，尤其是城墙由明代起始改用砖，较过去土墙所费更大，所以就改变计划，仅筑南城一面了。外城东西仅比内城宽出六七百公尺，便折而向北，止于内城西南东南两角上，即今西便门、东便门之处。这是在唐幽州基础上辽以后北京第四次的大改建。北京今天的凸字形状的城墙就这样在1553年完成的。假使这外城按原计划完成，则东面城墙将在二闸，西面差不多到了公主坟，现在的东岳庙、大钟寺、五塔寺、西郊公园、天宁寺、白云观便都要在外城之内了。

清朝承继了明朝的北京，虽然许多个别的建筑单位经过了重建，对整个布局体系则未改动，一直到了今天。民国以后，北京市内虽然有不少的局部改建，尤其是道路系统，为适合近代使用，有了很多变更，但对于北京的全部规模则尚保存原来秩序，没有大的损害。

由那四次的大改建，我们认识到一个事实，就是城墙的存在也并不能阻碍城区某部分一定的发展，也不能防止某部分的衰落。全城各部分是随着政治、军事、经济的需要而有所兴废。北京过去在体形的发展上，没有被它的城墙限制过它必要的展拓和所展拓的方向，就是一个明证。

北京的水源——全城的生命线[1]

从元建大都以来，北京城就有了一个问题，不断地需要完满解决，到了今天同样问题也仍然存在。那就是北京城的水源问题。这问题的解决与否在有铁路和自来水以前的时代里更严重地影响着北京的经济和全市居民的健康。

在有铁路以前，北京与南方的粮运完全靠运河。由北京到通州之间的通惠河一段，顺着西高东低的地势，须靠由西北来的水源。这水源还须供给什刹海、三海和护城河，否则它们立即枯竭，反成孕育病疫的水洼。水源可以说是北京的生命线。

北京近郊的玉泉山的泉源虽然是"天下第一"，但水量到底有限；供给池沼和饮料虽足够，但供给航运则不足了。辽金时代航运水道曾利用高梁河水，元初则大规模地重新计划。起初曾经引永定河水东行，但因夏季山洪暴发，控制困难，不久即放弃。当时的河渠故道在现在西郊新区之北，至今仍可辨认。废弃这条水道之后的计划是另找泉源。于是便由昌平县神山泉引水南下，建造了一条石渠，将水引到瓮山泊（昆明湖）再由一条石渠东引入城，先到什刹海，再流到通惠河。这两条石渠在西北郊都有残迹，城中由什刹海到二闸的南北河道就是现在南北河沿和御河桥

---

1 本节部分资料是根据侯仁之《北平金水河考》。

一带。元时所引玉泉山的水是与由昌平南下经同昆明湖入城的水分流的。这条水名金水河，沿途严禁老百姓使用，专引入宫苑池沼，主要供皇室的饮水和栽花养鱼之用。金水河由宫中流到护城河，然后同昆明湖什刹海那一股水汇流入通惠河。元朝对水源计划之苦心，水道建设规模之大，后代都不能及。城内地下暗沟也是那时留下绝好的基础，经明增设，到现在还是最可贵的下水道系统。

明朝先都南京，昌平水渠破坏失修，竟然废掉不用。由昆明湖出来的水与由玉泉山出来的水也不两河分流，事实上水源完全靠玉泉山的水。因此水量顿减，航运当然不能入城。到了清初建设时，曾作补救计划，将西山碧云寺、卧佛寺同香山的泉水都加入利用，引到昆明湖。这段水渠又破坏失修后，北京水量一直感到干涩不足。解放之前若干年中，三海和护城河淤塞情形是愈来愈严重，人民健康曾大受影响。龙须沟的情况就是典型的例子。

1950年，北京市人民政府大力疏浚北京河道，包括三海和什刹海，同时疏通各种沟渠，并在西直门外增凿深井，增加水源。这样大大地改善了北京的环境卫生，是北京水源史中又一次新的纪录。现在我们还可以期待永定河上游水利工程，眼看着将来再努力沟通京津水道航运的事业。过去伟大的通惠运河仍可再用，是我们有利的发展基础。

北京的城市格式——中轴线的特征

如上文所曾讲到，北京城的凸字形平面是逐步发展而来。它在16世纪中叶完成了现在的特殊形状。城内的全部布局则是由中

57

《燕山八景图册：玉泉趵突》（清）张若澄

国历代都市的传统制度，通过特殊的地理条件，和元明清三代政治经济实际情况而发展的具体形式。这个格式的形成，一方面是遵循或承袭过去的一般的制度，一方面又由于所尊崇的制度同自己的特殊条件相结合所产生出来的变化运用。北京的体形大部是由实际用途而来，又曾经过艺术的处理而达到高度成功的。所以北京的总平面是经得起分析的。过去虽然曾很好地为封建时代服务，今天它仍然能很好地为新民主主义时代的生活服务，并还可以再作为社会主义时代的都城，毫不阻碍一切有利的发展。它的累积的创造成绩是永远可以使我们骄傲的。

　　大略地说，凸字形的北京，北半是内城，南半是外城，故宫为内城核心，也是全城的布局重心。全城就是围绕这中心而部署的。但贯通这全部部署的是一根直线。一根长达八公里，全世界最长，也最伟大的南北中轴线穿过了全城。北京独有的壮美秩序就由这条中轴的建立而产生。前后起伏左右对称的体形或空间的分配都是以这中轴为依据的。气魄之雄伟就在这个南北引申、一贯到底的规模。我们可以从外城最南的永定门说起，从这南端正门北行，在中轴线左右是天坛和先农坛两个约略对称的建筑群；经过长长一条市楼对列的大街，到达珠市口的十字街口之后，才面向着内城第一个重点——雄伟的正阳门楼。在门前百余公尺的地方，拦路一座大牌楼、一座大石桥，为这第一个重点做了前卫。但这还只是一个序幕。过了此点，从正阳门楼到中华门，由中华门到天安门，一起一伏、一伏而又起，这中间千步廊（民国初年已拆除）御路的长度，和天安门面前的宽度，是最大胆的空间的处理，衬托着建筑重点的安排。这个当时曾经为封建帝王据为己有的禁地，今天是多么恰当地回到人民手里，成为人民自己的广场！由天安门起，是一系列轻重不一的宫门和广庭，金色照耀的琉璃瓦顶，一层又一层的起伏峋峙，一直引导到太和殿顶，便到达中线前半的极点，然后向北，重点逐渐退削，以神武门为尾声。再往北，又"奇峰突起"地立着景山，做了宫城背后的衬托。景山中峰上的亭子正在南北的中心点上。由此向北是一波又一波的远距离重点的呼应。由地安门，到鼓楼、钟楼，高大的建筑物都继续在中轴线上。但到了钟楼，中轴线便有计划地，也恰到好处地结束了。中线不再向北到达墙根，而将重点平稳地分配给左右分立的两个北面城楼——安定门和德胜门。有这样气魄的建筑总布局，以这样规模来处理空间，世界上就没有第二个！

在中线的东西两侧为北京主要街道的骨干；东西单牌楼和东西四牌楼是四个热闹商市的中心。在城的四周，在宫城的四角上，在内外城的四角和各城门上，立着十几个环卫的突出点。这些城门上的门楼、箭楼及角楼又增强了全城三度空间的抑扬顿挫和起伏高下。因北海和中海、什刹海的湖沼岛屿所产生的不规则布局，和因琼华岛塔与妙应寺白塔所产生的突出点，以及许多坛庙园林的错落，也都增强了规则的布局和不规则的变化的对比。在有了飞机的时代，由空中俯瞰，或仅由各个城楼上，或景山顶上遥望，都可以看到北京杰出成就的优异。这是一份伟大的遗产，它是我们人民最宝贵的财产，还有人感受不到吗？

北京的交通系统及街道系统

北京是华北平原通到蒙古高原、热河山地和东北的几条大

《京师生春诗意图轴》（清）徐扬

路的分岔点，所以在历史上它一向是一个政治、军事重镇。北京在元朝成为大都以后，因为运河的开凿，以取得东南的粮食，才增加了另一条东面的南北交通线。一直到今天，北京与南方联系的两条主要铁路干线都沿着这两条历史的旧路修筑；而京包、京热两线也正筑在我们祖先的足迹上。这是地理条件所决定的。因此，北京便很自然地成了华北北部最重要的铁路衔接站。自从汽车运输发达以来，北京也成了一个公路网的中心。西苑、南苑两个飞机场已使北京对外的空运有了站驿。这许多市外的交通网同市区的街道是息息相关、互相衔接的，所以北京城是会每日增加它的现代效果和价值的。

今天所存在的城内的街道系统，用现代都市计则的原则来分析，是一个极其合理、完全适合现代化使用的系统。这是一个令人惊讶的事实，是任何一个中世纪城市所没有的。我们不得不又一次敬佩我们祖先伟大的智慧。

这个系统的主要特征在大街与小巷，无论在位置上或大小上，都有明确的分别；大街大致分布成几层合乎现代所采用的"环道"；由"环道"明确的有四向伸出的"辐道"。结果主要的车辆自然会汇集在大街上流通，不致无故地去窜小胡同，胡同里的住宅得到了宁静，就是为此。

所谓几层的环道，最内环是紧绕宫城的东西长安街、南北池子、南北长街、景山前大街。第二环是王府井、府右街，南北两面仍是长安街和景山前大街。第三环以东西交民巷、东单、东四，经过铁狮子胡同、后门、北海后门、太平仓、西四、西单而完成。这样还可更向南延长，经宣武门、菜市口、珠市口、磁器口而入崇文门。近年来又逐步地开辟一个第四环，就是东城的南北小街、西城的南北沟沿、北面的北新桥大街，鼓楼东大街，以达新街口。但鼓楼与新街口之间因有什刹海的梗阻，要多少费点事。南面则尚未成环（也许可与交民巷衔接）。这几环中，虽然有多少尚待展宽或未完全打通的段落，但极易完成。这是现代都市计划学家近年来才发现的新原则。欧美许多城市都在它们的弯曲杂乱或呆板单调的街道中努力计划开辟成环道，以适应控制大量汽车流通的迫切需要。我们的北京却可应用六百年前建立的规模，只需稍加展宽整理，便可成为最理想的街道系统。这的确是伟大的祖先留给我们的"余荫"。

有许多人不满北京的胡同，其实胡同的缺点不在其小，而在其泥泞和缺乏小型空场与树木。但它们都是安静的住宅区，有它的一定优良作用。在道路系统的分配上也是一种很优良的秩序。这些便是以后我们发展的良好基础，可以予以改进和提高的。

北京城的土地使用——分区

我们不敢说我们的祖先计划北京城的时候，曾经计划到它的土地使用或分区。但我们若加以分析，就可看出它大体上是分了区的，而且在位置上大致都适应当时生活的要求和社会条件。

内城除紫禁城为皇宫外，皇城之内的地区是内府官员的住宅区。皇城以外，东西交民巷一带是各衙署所在的行政区（其中东交民巷在辛丑条约之后被划为"使馆区"）。而这些住宅的住户，有很多就是各衙署的官员。北城是贵族区和供应他们的商店区，这区内王府特别多。东西四牌楼是东西城的两个主要市场；

由它们附近街巷名称，就可看出。如东四牌楼附近是猪市大街、小羊市、驴市（今改"礼士"）胡同等；西四牌楼则有马市大街、羊市大街、羊肉胡同、缸瓦市等。

至于外城，大体地说，正阳门大街以东是工业区和比较简陋的商业区，以西是最繁华的商业区。前门以东以商业命名的街道有鲜鱼口、瓜子店、果子市等；工业的则有打磨厂、梯子胡同等。以西主要的是珠宝市、钱市胡同、大栅栏等，是主要商店所聚集；但也有粮食店、煤市街。崇文门外则有巾帽胡同、木厂胡同、花市、草市、磁器口等等，都表示着这一带的土地使用性质。宣武门外是京官住宅和各省府州县会馆区，会馆是各省入京应试的举人们的招待所，因此知识分子大量集中在这一带。应景而生的是他们的"文化街"，即供应读书人的琉璃厂的书铺集团，形成了一个"公共图书馆"；其中掺杂着许多古玩铺，又正是供给知识分子观摩的"公共文物馆"。其次要提到的就是文娱区，大多数的戏院都散布在前门外东西两侧的商业区中间。大众化的杂耍场集中在天桥。至于骚人雅士们则常到先农坛迤西洼地中的陶然亭吟风咏月，饮酒赋诗。

由上面的分析，我们可以看出，以往北京的土地使用，的确有分区的现象。但是除皇城及它迤南的行政区是多少有计划的之外，其他各区都是在发展中自然集中而划分的。这种分区情形，到民国初年还存在。

到现在，除去北城的贵族已不贵了，东交民巷又由"使馆区"收复为行政区而仍然兼是一个有许多已建立邦交的使馆或尚未建立邦交的使馆所在区，和西交民巷成了银行集中的商务区而外，大致没有大改变。近二三十年来的改变，则在外城建立了几处工厂。王府井大街因为东安市场之开辟，再加上供应东交民巷帝国主义外交官僚的消费，变成了繁盛的零售商店街，部分夺取了民国初年军阀时代前门外的繁荣。东西单牌楼之间则因长安街三座门之打通而繁荣起来，产生了沿街"洋式"店楼型制。全城的土地使用，比清末民初时期显然增加了杂乱错综的现象。幸而因为北京以往并不是一个工商业中心，体形环境方面尚未受到不可挽回的损害。

北京城是一个具有计划性的整体

北京是中国（可能是全世界）文物建筑最多的城。元、明、清历代的宫苑、坛庙、塔寺分布在全城，各有它的历史艺术意义，这是不用说的。要再指出的是：因为北京是一个先有计划然后建造的城（当然，计划所实现的都是曾经因各时代的需要屡次修正，而不断地发展的）。它所特具的优点主要就在它那具有计划性的城市的整体。那宏伟而庄严的布局，在处理空间和分配重点上创造出卓越的风格，同时也安排了合理而有秩序的街道系统，而不仅在它内部许多个别建筑物的丰富的历史意义与艺术的表现。所以我们首先必须认识到北京城部署骨干的卓越，北京建筑的整个体系是全世界保存得最完好，而且继续有传统的活力的、最特殊、最珍贵的艺术杰作。这是我们对北京城不可忽略的起码认识。

就大多数的文物建筑而论，也都不仅是单座的建筑物，而往往是若干座合组而成的整体，为极可宝贵的艺术创造，故宫就是最显著的一个例子。其他如坛庙、园苑、府第，无一不是整组的文物建筑，有它全体上的价值。我们爱护文物建筑，不仅应该爱护个别的一殿、一堂、一楼、一塔，而且必须爱护它的周围整体和邻近的环境。我们不能坐视，也不能忍受一座或一组壮丽的建筑物遭受到各种各样直接或间接的破坏，使它们委曲在不调和的周围里，受到不应有的宰割。过去因为帝国主义的侵略，和我们不同体系、不同格调的各型各式的所谓洋式楼房、所谓摩天高楼、模仿到家或不到家的欧美系统的建筑物，庞杂凌乱地大量渗到我们的许多城市中来，长久地劈头拦腰破坏了我们的建筑情调，渐渐地麻痹了我们对于环境的敏感，使我们习惯于不调和的体形或习惯于看着自己优美的建筑物被摒斥到委曲求全的夹缝中，而感到无可奈何。我们今后在建设中，这种错误是应该予以纠正了。代替这种蔓延野生的恶劣建筑，必须是有计划有重点的发展，比如明年，在天安门的前面，广场的中央，将要出现一座庄严伟大的人民英雄纪念碑。几年以后，广场的外围将要建起整齐壮丽的建筑，将广场衬托起来。长安门（三座门）外将是绿荫平阔的林荫大道，一直通出城墙，使北京向东西城郊发展。那时的天安门广场将要更显得雄壮美丽了。总之，今后我们的建设，必须强调同环境配合，发展新的来保护旧的，这样才能保存优良伟大的基础，使北京城永远保持着美丽、健康和年轻。

北京城内城外无数的文物建筑，尤其是故宫、太庙（现在的劳动人民文化宫）、社稷坛（中山公园）、天坛、先农坛、孔庙、国子监、颐和园等等，都普遍地受到人们的赞美。但是一件极重要而珍贵的文物，竟没有得到应有的注意，乃至被人忽视，那就是伟大的北京城墙。它的产生、它的变动、它的平面形成凸字形的沿革，充满了历史意义，是一个历史现象辩证的发展的卓越标本，已经在上文叙述过了。至于它的朴实雄厚的壁垒，宏丽嶙峋的城门楼、箭楼、角楼，也正是北京体形环境中不可分离的艺术构成部分，我们还需要首先特别提到。苏联人民称斯摩棱斯克的城墙为苏联的颈链，我们北京的城墙，加上那些美丽的城楼，更应称为一串光彩耀目的中华人民的璎珞了。古史上有许多著名的台——古代封建主的某些殿宇是筑在高台上的，台和城墙有时不分，后来发展成为唐宋的阁与楼时，则是在城墙上含有纪念性的建筑物，大半可供人民登临。前者如春秋战国燕和赵的丛台、西汉的未央宫、汉末曹操和东晋石赵在邺城的先后两个铜雀台，后者如唐宋以来由文字流传后世的滕王阁、黄鹤楼、岳阳楼等。宋代的宫前门楼宣德楼的作用也还略像一个特殊的前殿，不只是一个仅具形式的城楼。北京嵲峙着许多壮观的城楼、角楼，站在上面俯瞰城郊、远览风景，可以供人娱心悦目、舒畅胸襟。但在过去封建时代里，因人民不得登临，事实上是等于放弃了它的一个可贵的作用。今后我们必须好好利用它为广大人民服务。现在前门箭楼早已恰当地作为文娱之用。在北京市各界人民代表会议中，又有人建议用崇文门、宣武门两个城楼做陈列馆，以后不但各城楼都可以同样地利用，并且我们应该把城墙上面的全部面积整理出来，尽量使它发挥它所具有的特长。城墙上面面积宽敞，可以布置花池、栽种花草、安设公园椅，每隔若干距离的敌台上可建凉亭，供人游憩。由城墙或城楼上俯视护城河，与郊外平原，远望西山远景或禁城宫殿，它将是世界上最特殊公园之一

—— 一个全长达39.75公里的立体环城公园！

我们应该怎样保护这庞大的伟大的杰作？

人民中国的首都正在面临着经济建设、文化建设、市政建设高潮的前夕。解放两年以来，北京已在以递加的速率改变，以适合不断发展的需要。今后一二十年之内，无数的新建筑将要接踵地兴建起来，街道系统将加以改善，千百条的大街小巷将要改观，各种不同性质的区域将要划分出来。北京城是必须现代化的；同时北京城原有的整体文物性特征和多数个别的文物建筑又是必须保存的。我们必须"古今兼顾，新旧两利"。我们对这许多错综复杂问题应如何处理，是每一个热爱中国人民首都的人所关切的问题。

如同在许多其他的建设工作中一样，先进的苏联已为我们解答了这问题，立下了良好的榜样。在《苏联沦陷区解放后之重建》一书中，苏联的建筑史家N·窝罗宁教授说：

"计划一个城市的建筑师必须顾到他所计划的地区生活的历史传统和建筑的传统。在他的设计中，必须保留合理的、有历史价值的一切和在房屋类型和都市计划中，过去的经验所形成的特征的一切；同时这城市或村庄必须成为自然环境中的一部分。……新计划的城市的建筑样式必须避免呆板硬性的规格化，因为它将掠夺了城市的个性；他必须采用当地居民所珍贵的一切。

"人民在便利、经济和美感方面的需要，他们在习俗与文化方面的需要，是重建计划中所必须遵守的第一条规则。"[1]

---

1 引自N·窝罗宁著《苏联沦陷区解放后之重建》1944年英文版第16页。

窝罗宁教授在他的书中举了许多实例。其中一个是被称为"俄罗斯的博物院"的诺夫哥罗德城，这个城的"历史性文物建筑比任何一个城都多"。

"它的重建是建筑院院士舒舍夫负责的。他的计划做了依照古代都市计划制度重建的准备——当然加上现代化的改善。……在最卓越的历史文物建筑周围的空地将布置成为花园，以便取得文物建筑的观景。若干组的文物建筑群将被保留为国宝……

"关于这城……的新建筑样式，建筑师们很正确地拒绝了庸俗的'市侩式'建筑，而采取了被称为'地方性的拿破仑时代式'建筑，因为它是该城原有建筑中最典型的样式。

"建筑学者们指出：在计划重建新的诺夫哥罗德的设计中，要给予历史性文物建筑以有利的位置，使得在远处近处都可以看见它们的原则的正确性。

"对于许多类似诺夫哥罗德的古俄罗斯城市之重建的这种研讨将要引导使问题得到最合理的解决，因为每一个意见都是对于以往的俄罗斯文物的热爱的表现。"[1]

怎样建设"中国的博物院"的北京城，上面引录的原则是正确的。让我们向诺夫哥罗德看齐，向舒舍夫学习。

初刊于1951年4月《新观察》第7期、第8期，署名梁思成。梁思成在文后附声明："本文虽是作者应担任下来的任务，但在实际写作进行中，都是同林徽因分工合作，有若干部分还偏劳了她。"据此收录。

1 引自 N·窝罗宁著《苏联沦陷区解放后之重建》1944年英文版第79页。

中国古建筑的特征

中国建筑为东方最显著的独立系统，渊源深远，而演进程序简纯，历代继承，线索不紊，而基本结构上又绝未因受外来影响致激起复杂变化者。不止在东方三大系建筑之中，较其他两系——印度及阿拉伯（回教建筑）——享寿特长，通行地面特广，而艺术又独臻于最高成熟点。即在世界东西各建筑派系中，相较起来，也是个极特殊的直贯系统。大凡一例建筑，经过悠长的历史，多掺杂外来影响，而在结构、布置乃至外观上，常发生根本变化，或循地理推广迁移，因致渐改旧制，顿易材料外观，待达到全盛时期，则多已脱离原始胎形，另具格式。独有中国建筑经历极长久之时间，流布甚广大的地面，而在其最盛期中或在其后代繁衍期中，诸重要建筑物，均始终不脱其原始面目，保存其固有主要结构部分，及布置规模，虽则同时在艺术工程方面，又皆无可置议地进化至极高程度。更可异的是：产生这建筑的民族的历史却并不简单，且并不缺乏种种宗教上、思想上、政治组织上的迭出变化；更曾经多次与强盛的外族或在思想上和平地接触（如印度佛教之传入），或在实际利害关系上发生冲突战斗。

这结构简单、布置平整的中国建筑初形，会如此地泰然，享受几千年繁衍的直系子嗣，自成一个最特殊、最体面的建筑大族，实是一桩极值得研究的现象。

虽然，因为后代的中国建筑，即达到结构和艺术上极复杂精美的程度，外表上却仍呈现出一种单纯简朴的气象，一般人常误会中国建筑根本简陋无其发展，较诸别系建筑低劣幼稚。

这种错误观念最初自然是起于西人对东方文化的粗忽观察，常作浮躁轻率的结论，以致影响到中国人自己对本国艺术发生极过当的怀疑乃至于鄙薄。好在近来欧美迭出深刻的学者对于东方文化慎重研究，细心体会之后，见解已迥异从前，积渐彻底会悟中国美术之地位及其价值。但研究中国艺术尤其是对于建筑，比较是一种新近的趋势。外人论著关于中国建筑的，尚极少好的贡献，许多地方尚待我们建筑家今后急起直追，搜寻材料考据，作有价值的研究探讨，更正外人的许多隔膜和谬解处。

在原则上，一种好建筑必含有以下三要点：实用、坚固、美观。实用者：切合于当时当地人民生活习惯，适合于当地地理环境。坚固者：不违背其主要材料之合理的结构原则，在寻常环境之下，含有相当永久性的。美观者：具有合理的权衡（不是上重下轻巍然欲倾，上大下小势不能支或孤耸高峙或细长突出等等违背自然律的状态），要呈现稳重、舒适、自然的外表，更要诚实地呈露全部及部分的功用，不事掩饰，不矫揉造作，勉强堆砌。美观，也可以说，即是综合实用、坚稳，两点之自然结果。

一、中国建筑，不容疑义的，曾经包含过以上三种要素。所谓曾经者，是因为在实用和坚固方面，因时代之变迁已有疑问。

近代中国与欧西文化接触日深，生活习惯已完全与旧时不同，旧有建筑当然有许多跟着不适用了。在坚稳方面，因科学发达结果，关于非永久的木料，已有更满意的代替，对于构造亦有更经济精审的方法。已往建筑因人类生活状态时刻推移，致实用方面发生问题以后，仍然保留着它的纯粹美术的价值，是个不可否认的事实。和埃及的金字塔、希腊的巴瑟农庙（Parthenon，今译帕台农神庙）一样，北京的坛、庙、宫、殿，是会永远继续着享受荣誉的，虽然它们本来实际的功用已经完全失掉。纯粹美术价值，虽然可以脱离实用方面而存在，它却绝对不能脱离坚稳合理的结构原则而独立的。因为美的权衡比例，美观上的多少特征，全是人的理智技巧，在物理的限制之下，合理地解决了结构上所发生的种种问题的自然结果。

二、人工创造和天然趋势调和至某程度，便是美术的基本。设施雕饰于必需的结构部分，是锦上添花；勉强结构纯为装饰部分，是画蛇添足，足为美术之玷。

中国建筑的美观方面，现时可以说，已被一般人无条件地承认了。但是这建筑的优点，绝不是在那浅现的色彩和雕饰，或特殊之式样上面，却是深藏在那基本的，产生这美观的结构原则里及中国人的绝对了解控制雕饰的原理上。我们如果要赞扬我们本国光荣的建筑艺术，则应该就它的结构原则和基本技艺设施方面稍事探讨；不宜只是一味地、不负责任地，用极抽象或肤浅的诗意美谀，披挂在任何外表形式上，学那英国绅士骆斯肯（Ruskin，今译罗斯金）对高矗式（Gothic，今译哥特式）建筑，起劲地唱些高调。

建筑艺术是在极酷刻的物理限制之下老实地创作。人类由使两根直柱架、一根横楣能稳立在地平上起，至建成重楼层塔一类作品，其间辛苦艰难地展进，一部分是工程科学的进境，一部分是美术思想的活动和增富。这两方面是在建筑进步的一个总题之下，同行并进的。虽然美术思想这边，常常背叛他们共同的目标——创造好建筑——脱逾常轨，尽它弄巧的能事，引诱工程方面牺牲结构上诚实原则，来将就外表取巧的地方。在这种情形之下时，建筑本身常被连累，损伤了真的价值。在中国各代建筑之中，也有许多这样证例，所以在中国一系列建筑之中的精品，也是极罕有难得的。

大凡一派美术都分有创造、试验、成熟、抄袭、繁衍、堕落诸期，建筑也是一样。初期作品创造力特强，含有试验性。至试验成功，成绩满意，达尽善尽美程度，则进到完全成熟期。成熟之后，必有相当时期因承相袭，不敢，也不能，逾越已有的则例；这期间常常是发生订定则例章程的时候。再来便是在琐节上增繁加富，以避免单调，冀求变换，这便是美术活动越出目标时。这时期始而繁衍，继则堕落，失掉原始骨干精神，变成无意义的形式。堕落之后，继起的新样便是第二潮流的革命元勋。第二潮流有鉴于已往作品的优劣，再研究探讨第一代的精华所在，便是考据学问之所以产生。

中国建筑的经过，用我们现有的、极有限的材料作参考，已经可以略略看出各时期的起落兴衰。我们现在也已走到应作考察研究的时代了。在这有限的各朝代建筑遗物里，很可以观察、探讨其结构和式样的特征，来标证那时代建筑的精神和技艺是兴废还是优劣。但此节非等将中国建筑基本原则分析以后，是不能有所讨论的。

在分析结构之前，先要明了的是主要建筑材料，因为材料要根本影响其结构法的。中国主要建筑材料为木，次加砖石瓦之混用。外表上一座中国式建筑物，可明显地分作三大部：台基部分、柱梁部分、屋顶部分。台基是砖石混用。由柱脚至梁上结构部分，直接承托屋顶者则全是木造。屋顶除少数用茅茨、竹片、泥砖之外自然全是用瓦。而这三部分——台基、柱梁、屋顶——可以说是我们建筑最初胎形的基本要素。

《易经》里"上古穴居而野处，后世圣人易之以宫室，上栋下宇，以待风雨"。还有《史记》里"尧之有天下也，堂高三尺……"可见这"栋""宇"及"堂"（基）在最古建筑里便占定了它们的部位势力。自然最后经过繁重发达的是"栋"——那木造的全部，所以我们也要特别注意。

木造结构，我们所用的原则是"架构制"（Framing System）。在四根垂直柱的上端，用两横梁两横枋周围牵制成一"间架"（梁与枋根本为同样材料，梁较枋可略壮大。在"间"之左右称柁或梁，在"间"之前后称枋）。再在两梁之上筑起层叠的梁架以支横桁，桁通一"间"之左右两端，从梁架顶上"脊瓜柱"上次第降下至前枋上为止。桁上钉椽，并排桷篦，以承瓦板，这是"架构制"骨干的最简单的说法。总之"架构制"之最负责要素是：（一）那几根支重的垂直立柱；（二）使这些立柱，互相发生联络关系的梁与枋；（三）横梁以上的构造：梁架、横桁、木缘，及其他附属木造，完全用以支承屋顶的部分。

"间"在平面上是一个建筑的最低单位。普通建筑全是多间的且为单数。有"中间"或"明间""次间""稍间""套间"等称。

中国"架构制"与别种制度（如高矗式之"砌拱制"，或西欧最普通之古典派"垒石"建筑）之最大分别：（一）在支重部分之完全倚赖立柱，使墙的部分不负结构上重责，只同门窗隔屏等，尽相似的义务——间隔房间，分划内外而已。（二）立柱始终保守木质不似古希腊之迅速代之以垒石柱，且增加负重墙（Bearing wall），致脱离"架构"而成"垒石"制。

这架构制的特征，影响至其外表式样的，有以下最明显的几点：（一）高度无形地受限制，绝不出木材可能的范围；（二）即极庄严的建筑，也是呈现绝对玲珑的外表。结构上既绝不需要坚厚的负重墙，除非故意为表现雄伟的时候，酌量增用外（如城楼等建筑），任何大建，均不需墙壁堵塞部分；（三）门窗部分可以不受限制，柱与柱之间可以完全安装透光线的细木作——门屏窗牖之类。实际方面，即在玻璃未发明以前，室内已有极充分光线。北方因气候关系，墙多于窗，南方则反是，可伸缩自如。

这不过是这结构的基本方面，自然的特征。还有许多完全是经过特别的美术活动而成功的超等特色，这使中国建筑占极高的美术位置，而同时也是中国建筑之精神所在。这些特色最主要的便是屋顶、台基、斗拱、色彩和匀称的平面布置。

屋顶本是建筑上最实际必需的部分，中国则自古，不殚繁难地，使之尽善尽美。使切合于实际需求之外，又特具一种美术风格。屋顶最初即不止为屋之顶，因雨水和日光的切要实题，早就扩张出檐的部分。使檐突出并非难事，但是檐则低，低则阻碍光线，且雨水顺势急流，檐下溅水问题因之发生。为解决这个问题，我们发明飞檐，用双层瓦椽，使檐沿稍翻上去，微成曲线。又因美观关系，使屋角之檐加甚其仰翻曲度。这种前边成曲线，四角翘起的"飞檐"，在结构上有极自然又合理的布置，几乎可以说它便是结构法所促成的。

如何是结构法所促成的呢？简单说：例如"庑殿"式的屋瓦，共有四坡五脊。正脊寻常称"房脊"，它的骨架是脊桁。那四根斜脊，称"垂脊"，它们的骨架是从脊桁斜角，下伸至檐桁上的部分，称"由戗"及"角梁"。桁上所钉并排的椽子虽像全是平行的，但因偏左右的几根又要同这"角梁平行"，所以椽的部位，乃由真平行而渐斜，像裙裾的开展，如图1。

角梁是方的，椽为圆径（有双层时上层便是方的，角梁双层时则仍全是方的）。角梁的木材大小几乎倍于椽子，到椽与角梁并排时，两个的高下不同，以致不能在它们上面铺钉平板，故此必须将椽依次地抬高，令其上皮同角梁上皮平。在抬高的几根椽子底下填补一片三角形木板称"枕头木"，如图2。

这个曲线在结构上几乎不可信地简单和自然，而同时在美观方面不知增加多少神韵。飞檐的美，绝用不着考据家来指点的。不过注意那过当和极端的倾向常将本来自然合理的结构变成取巧和复杂。这过当的倾向，外表上自然也呈出脆弱、虚张的弱点，不为审美者所取，但一般人常以为愈巧愈繁必是愈美，无形中多鼓励这种倾向。南方手艺灵活的地方，过甚的飞檐便是这种证

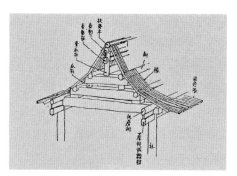

图 1

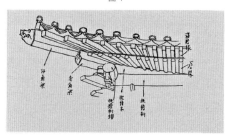

图 2

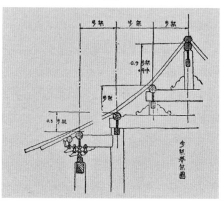

图 3

例。外观上虽是浪漫的姿态，容易引诱赞美，但到底不及北方的庄重恰当，合于审美的最真纯条件。

屋顶曲线不止限于挑檐，即瓦坡的全部也不是一片直坡倾斜下来。屋顶坡的斜度是越往上越增加，如图3。

这斜度之由来是依着梁架叠层的加高，这制度称作"举架法"。这举架的原则极其明显，举架的定例也极简单，只是叠次将梁架上瓜柱增高，尤其是要脊瓜柱特别高。

使檐沿作仰翻曲度的方法，在增加第二层檐橼。这层橼甚短，只驮在头檐橼上面，再出挑一节。这样，则檐的出挑虽加远，而不低下阻蔽光线。

总的说起来，历来被视为极特异神秘之屋顶曲线，并没有什么超出结构原则和不自然造作之处，同时在美观实用方面均是非常的成功。这屋顶坡的全部曲线，上部巍然高举，檐部如翼轻展，使本来极无趣、极笨拙的屋顶部，一跃而成为整个建筑的美丽冠冕。

在《周礼》里发现有"上欲尊而宇欲卑；上尊而宇卑，则吐水疾而溜远"之句。这句可谓明晰地写出实际方面之功效。

既讲到屋顶，我们当然还要注意到屋瓦上的种种装饰物。上面已说过，雕饰必是设施于结构部分才有价值，那么我们屋瓦上的脊瓦吻兽又是如何？

脊瓦可以说是两坡相连处的脊缝上一种镶边的办法，当然也有过当复杂的，但是诚实地来装饰一个结构部分，而不肯勉强地来掩饰一个结构枢纽或关节，是中国建筑最长之处。

瓦上的脊吻和走兽，无疑的，本来也是结构上的部分。现时的龙头形"正吻"古称"鸱尾",最初必是总管"扶脊木"和脊桁等部分的一块木质关键。这木质关键突出脊上,略点鸟形,后来略加点缀竟然刻成鸱鸟之尾,也是很自然的变化。其所以为鸱尾者还带有一点象征意义,因有传说鸱鸟能吐水,拿它放在瓦脊上可制火灾。

走兽最初必为一种大木钉,通过垂脊之瓦,至"由戗"及"角梁"上,以防止斜脊上面瓦片的溜下,唐时已变成两座"宝珠",在今之"戗兽"及"仙人"地位上。后代鸱尾变成"龙吻",宝珠变成"戗兽"及"仙人",尚加增"戗兽""仙人"之间一列"走兽",也不过是雕饰上变化而已。

并且垂脊上戗兽较大,结束"由戗"一段,底下一列走兽装饰在角梁上面,显露基本结构上的节段,亦甚自然合理。

南方屋瓦上多加增极复杂的花样,完全脱离结构上任务纯粹的显示技巧,甚属无聊,不足称扬。

外国人因为中国人屋顶之特殊形式,迥异于欧西各系,早多注意及之。论说纷纷,异想天开。有说中国屋顶乃根据游牧时代帐幕者,有说象形蔽天之松枝者,有目中国飞檐为怪诞者,有谓中国建筑类儿戏者,有的全由走兽龙头方面,无谓地探讨意义,几乎不值得在此费时反证。总之这种曲线屋顶已经从结构上分析了,又从雕饰设施原则上审察了,而其美观实用方面又显着明晰,不容否认。我们的结论实可以简单地承认它艺术上的大成功。

中国建筑的第二个显着特征,并且与屋顶有密切关系的,便是,"斗拱"部分(图4)。最初檐承于椽,椽承于檐桁,桁

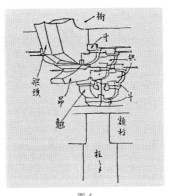

图 4

则架于梁端。此梁端即是由梁架延长，伸出柱的外边。但高大的建筑物出檐既深，单指梁端支持，势必不胜，结果必产生重叠的木"翘"支于梁端之下。但单借木翘不够担全檐沿的重量，尤其是建筑物愈大，两柱间之距离也愈远，所以又生左右岔出的横"拱"来接受檐桁。这前后的木翘，左右的横拱，结合而成"斗拱"全部（在拱或翘昂的两端和相交处，介于上下两层拱或翘之间的斗形木块称"枓"）。"昂"最初为又一种之翘，后部斜伸出斗拱后用以支"金桁"。

斗拱是柱与屋顶间的过渡部分。使支出的房檐的重量渐次集中下来直到柱的上面。斗拱的演化，每是技巧上的进步，但是后代斗拱（约略从宋元以后），便变化到非常复杂，在结构上已有过当的部分，部位上也有改变。本来斗拱只限于柱的上面（今称柱头斗），后来为外观关系，又增加一攒所谓"平身科"者，在柱与柱之间。明清建筑上平身科加增到六七攒，排成一列，完全成为装饰品，失去本来功用。"昂"之后部功用亦废除，只余前

81

部形式而已。

不过当复杂的斗拱，的确是柱与檐之间最恰当的关节，集中横展的屋檐重量，到垂直的立柱上面，同时变成檐下一种点缀，可作结构本身变成装饰部分的最好条例。可惜后代的建筑多减轻斗拱的结构上重要，使之几乎纯为奢侈的装饰品，令中国建筑失却一个优越的中坚要素。

斗拱的演进式样和结构限于篇幅，不能再仔细述说，只能就它的极基本原则上在此指出它的重要及优点。

斗拱以下的最重要部分，自然是柱，及柱与柱之间的细巧的木作。魁伟的圆柱和细致的木刻门窗对照，又是一种艺术上满意之点。不止如此，因为木料不能经久的原始缘故，中国建筑又发生了色彩的特征。涂漆在木料的结构上为的是：（一）保存木质抵制风日雨水；（二）可牢结各处接合关节；（三）加增色彩的特征。这又是兼收美观实际上的好处，不能单以色彩作奇特繁华之表现。彩绘的设施在中国建筑上，非常之慎重，部位多限于檐下结构部分，在阴影掩映之中。主要彩色亦为"冷色"如青蓝碧绿，有时略加金点。其他檐以下的大部分颜色则纯为赤红，与檐下彩绘正成反照。中国人的操纵色彩可谓轻重得当。设使滥用彩色于建筑全部，使上下耀目辉煌，必成野蛮现象，失掉所有庄严和调谐。别系建筑颇有犯此忌者，更可见中国人有超等美术见解。

至彩色琉璃瓦产生之后，连黯淡无光的青瓦，都成为片片堂皇的黄金碧玉，这又是中国建筑的大光荣，不过滥用杂色瓦，也是一种危险，幸免这种引诱，也是我们可骄傲之处。

还有一个最基本结构部分——台基——虽然没有特别可议论称扬之处，不过在整个建筑上看来，有如许壮伟巍峨的屋顶，但如果没有特别舒展或多层的基座托衬，必显出上重下轻之势，所以既有那特种的屋顶，则必须有这相当的基座。架构建筑本身轻于垒砌建筑，中国又少有多层楼阁，基础结构颇为简陋。大建筑的基座加有相当的石刻花纹，这种花纹的分配似乎是根据原始木质台基而成，积渐施之于石。与台基连带的有石栏、石阶、辇道的附属部分，都是各有各的功用而同时又都是极美的点缀品。

最后的一点关于中国建筑特征的，自然是它的特种的平面布置。平面布置上最特殊处是绝对本着均衡相称的原则，左右均分的对峙。这种分配倒并不是由于结构，主要原因是起于原始的宗教思想和形式、社会组织制度、人民俗习，后来又因喜欢守旧仿古，多承袭传统的惯例。结果均衡相称的原则变成中国特有一个固执嗜好。

例外于均衡布置建筑，也有许多。因庄严沉闷的布置，致激起故意浪漫的变化；此类若园庭、别墅、宫苑楼阁者是平面上极其曲折变幻，与对称的布置正相反其性质。中国建筑有此两种极端相反布置，这两种庄严和浪漫平面之间，也颇有混合变化的实例，供给许多有趣的研究，可以打消西人浮躁的结论，谓中国建筑布置上是完全的单调而且缺乏趣味。但是画廊亭阁的曲折纤巧，也得有相当的限制。过于勉强取巧的人工虽可令寻常人惊叹观止，却是审美者所最鄙薄的。

在这里我们要提出中国建筑上的几个弱点。（一）中国的匠师对木料，尤其是梁，往往用得太费。他们显然不明了横梁载重的力量只与梁高成正比例，而与梁宽的关系较小。所以梁的宽度，由近代的工程眼光看来，往往嫌其太过。同时匠师对于梁的尺寸，因没有计算木力的方法，不得不尽量地放大，用极大的factor of safety，以保安全。结果是材料的大靡费。（二）他们虽知道三角形是唯一不变动的几何形，但对于这原则极少应用。所以中国的屋架，经过不十分长久的岁月，便有倾斜的危险。我们在北平街上，到处可以看见这种倾斜而用砖墙或木柱支撑的房子。不唯如此，这三角形原则之不应用，也是屋梁费料的一个大原因，因为若能应用此原则，梁就可用较小的木料。（三）地基太浅是中国建筑的大病。普通则例规定是台明高之一半，下面再垫上几点灰土。这种做法很不彻底，尤其是在北方，地基若不刨到结冰线（frost line）以下，建筑物的坚实方面，因地的冻冰，一定会发生问题。好在这几个缺点，在新建筑师的手里，并不成难题。我们只怕不了解，了解之后，要去避免或纠正是很容易的。

结构上细部枢纽，在西洋诸系中，时常成为被憎恶部分。建筑家不惜费尽心思来掩蔽它们。大者如屋顶用女儿墙来遮掩，如梁架内部结构，全部藏入顶篷之内；小者如钉、如合叶，莫不全是要掩藏的细部。独有中国建筑敢袒露所有结构部分，毫无畏缩遮掩的习惯，大者如梁、如椽、如梁头、如屋脊；小者如钉、如合叶、如箍头，莫不全数呈露外部，或略加雕饰，或布置成纹，使转成一种点缀。几乎全部结构各成美术上的贡献。这个特征在历史上，除西方高矗式建筑外，唯有中国建筑有此优点。

中國營造學社彙刊

民國廿一年二月　　第三卷 第一期

鮑鼎署

《中国营造学社汇刊》

现在我们方在起始研究，将来若能将中国建筑的源流变化悉数考察无遗，将那时优劣诸点极明了地陈列出来，当更可以慎重讨论，作将来中国建筑趋途的指导。省得一般建筑家，不是完全遗弃这已往的制度，则是追随西人之后，盲目抄袭中国宫殿，做无意义的尝试。

关于中国建筑之将来，更有特别可注意的一点：我们架构制的原则适巧和现代"洋灰铁筋架"或"钢架"建筑同一道理：以立柱横梁牵制成架为基本。现代欧洲建筑为现代生活所驱，已断然取革命态度，尽量利用近代科学材料，另具方法形式，而迎合近代生活之需求。若工厂、学校、医院，及其他公共建筑等为需要日光便利，已不能仿取古典派之垒砌制，致多墙壁而少窗牖。中国架构制既与现代方法恰巧同一原则，将来只需变更建筑材料，主要结构部分则均可不有过激变动，而同时因材料之可能，更作新的发展，必有极满意的新建筑产生。

初刊于1932年3月《中国营造学社汇刊》第3卷第1期，署名林徽因。

平郊建筑杂录

    北平四郊近二三百年间建筑遗物极多，偶尔郊游，触目都是饶有趣味的古建。其中辽金元古物虽然也有，但是大部分还是明清的遗构；有的是显赫的"名胜"，有的是消沉的"痕迹"；有的按期受成群的世界游历团的赞扬，有的只偶尔受诗人们的凭吊，或画家的欣赏。

    这些美的所在，在建筑审美者的眼里，都能引起特异的感觉，在"诗意"和"画意"之外，还使他感到一种"建筑意"的愉快。这也许是个狂妄的说法——但是，什么叫作"建筑意"？我们很可以找出一个比较近理的定义或解释来。

    顽石会不会点头，我们不敢有所争辩，那问题怕要牵涉到物理学家，但经过大匠之手泽，年代之磋磨，有一些石头的确是会蕴含生气的。天然的材料经人的聪明建造，再受时间的洗礼，成美术与历史地理之和，使它不能不引起赏鉴者一种特殊的性灵的融会、神志的感触，这话或者可以算是说得通。

    无论哪一座巍峨的古城楼，或一角倾颓的殿基的灵魂，无形中都在诉说，乃至于歌唱，时间上漫不可信的变迁；由温雅的儿女佳话，到流血成渠的杀戮。他们所给的"意"的确是"诗"与"画"的。但是建筑师要郑重地声明，那里面还有超出这"诗""画"以外的"意"存在。眼睛在接触人的智力和生活所产生的一个结构，在光影恰恰可人中，和谐的轮廓，披着风露所赐予的层层生动的色彩；潜意识里更有"眼看他起高楼，眼看他楼塌了"凭吊兴衰的感慨；偶然更发现一片，只要一片，极精致的雕纹，来自一位不知名匠师的手笔，请问那时的敏锐感，即不叫他作"建筑意"，我们也得要临时给他制造个同样狂妄的名词，是不?

建筑审美可不能势利。声名显赫，尤其是有乾隆御笔碑石来赞扬的，并不一定便是宝贝；不见经传，湮没在人迹罕至的乱草中间的，更不一定不是一位无名英雄。以貌取人或者不可，"以貌取建"却是个好态度。北平近郊可经人以貌取舍的古建筑实不在少数。摄影图录之后，或考证它的来历，或由村老传说中推测它的过往——可以成一个建筑师为古物打抱不平的事业，和比较有意思的夏假消遣。而他的报酬便是那无穷的"建筑意"的收获。

一　卧佛寺的平面

说起受帝国主义的压迫，再没有比卧佛寺委屈的了。卧佛寺的住持智宽和尚，前年偶同我们谈天，用"叹息痛恨于桓灵"的口气告诉我，他的先师老和尚，如何如何地与青年会订了合同，以每年一百元的租金，把寺的大部分租借了二十年，如同胶州湾、辽东半岛的条约一样。

其实这都怪那佛一觉睡几百年不醒，到了这危难的关头，还不起来给老和尚当头棒喝，使他早早觉悟，组织个佛教青年会西山消夏团。虽未必可使佛法感化了摩登青年，至少可借以繁荣了寿安山……不错，那山叫寿安山……又何至等到今年五台山些少的补助，才能修葺开始残破的庙宇呢！

我们也不必怪老和尚，也不必怪青年会……其实还应该感谢青年会。要是没有青年会，今天有几个人会知道卧佛寺那样一个山窝子里的去处。在北方——尤其是北平——上学的人，大半都到过卧佛寺。一到夏天，各地学生们，男的、女的，谁不愿意来消消夏，爬山、游水、骑驴，多么优哉游哉。据说每年夏令会总成全了许多爱人儿们的心愿，想不到睡觉的释迦牟尼，还能在梦中代行月下老人的职务，也真是佛法无边了。

从玉泉山到香山的马路，快近北辛村的地方，有条岔路忽然转北上坡的，正是引导你到卧佛寺的大道。寺是向南，一带山屏障似的围住寺的北面，所以寺后有一部分渐高，一直上了山脚。在最前面，迎着来人的，是寺的第一道牌楼，那还在一条柏荫夹道的前头。当初这牌楼是什么模样，我们大概还能想象，前人做的事虽不一定都比我们强，却是关于这牌楼大概无论如何他们要比我们大方得多。现有的这座只说它不顺眼已算十分客气，不知哪一位和尚化来的酸缘，在破碎的基上，竖了四根小柱子，上面横钉了几块板，就叫它作牌楼。这算是经济萎衰的直接表现，还是宗教力渐弱的间接表现？一时我还不能答复。

顺着两行古柏的马道上去，骤然间到了上边，才看见另外的鲜明的一座琉璃牌楼在眼前。汉白玉的须弥座，三个汉白玉的圆门洞，黄绿琉璃的柱子、横额、斗拱、檐瓦。如果你相信一个建筑师的自言自语，"那是乾嘉间的做法"。至于《日下旧闻考》

所记寺前为门的如来宝塔，却已不知去向了。

琉璃牌楼之内，有一道白石桥，由半月形的小池上过去。池的北面和桥的旁边，都有精致的石栏杆，现在只余北面一半，南面的已改成洋灰抹砖栏杆。这池据说是"放生池"，里面的鱼，都是"放"的。佛寺前的池，本是佛寺的一部分，用不着我们小题大做地讲。但是池上有桥，现在虽处处可见，但它的来由却不见得十分古远。在许多寺池上，没有桥的却较占多数。至于池的半月形，也是个较近的做法，古代的池大半都是方的。池的用途多是放生，养鱼。但是刘士能先生告诉我们说南京附近有一处律宗的寺，利用山中溪水为月牙池，和尚们每斋都跪在池边吃，风雪无阻，吃完在池中洗碗。幸而卧佛寺的和尚们并不如律宗的苦行，不然放生池不唯不能放生，怕还要变成脏水坑了。

与桥正相对的是山门。山门之外，左右两旁，是钟鼓楼，从前已很破烂，今年忽然大大地修整起来。连角梁下失去的铜铎，也用二十一号的白铅铁焊上，油上红绿颜色，如同东安市场的国货玩具一样的鲜明。

山门平时是不开的，走路的人都从山门旁边的门道出入。入门之后，迎面是一座天王殿，里面供的是四天王——就是四大金刚——东西稍间各两位对面侍立，明间面南的是光肚笑嘻嘻的弥勒佛，面北合十站着的是韦驮。

再进去是正殿，前面是月台，月台上（在秋收的时候）铺着金黄色的老玉米，像是专替旧殿着色。正殿五间，供三位喇嘛式的佛像。据说正殿本来也有卧佛一躯，雍正还看见过，是旃檀佛像。唐太宗贞观年间的东西。却是到了乾隆年间，这位佛大概睡醒了，不知何时上哪儿去了。只剩了后殿那一位，一直睡到如今，还没有醒。

从前面牌楼一直到后殿，都是建立在一条中线上的。这个在寺的平面上并不算稀奇，罕异的却是由山门之左右，有游廊向东西，再折而向北，其间虽有方丈客室和正殿的东西配殿，但是一气连接，直到最后面又折而东西，回到后殿左右。这一周的廊，东西（连山门或后殿算上）十九间，南北（连方丈配殿算上）四十间，成一个大长方形。中间虽立着天王殿和正殿，却不像普通的庙殿，将全寺用"四合头"式前后分成几进，这是少有的。在这点上，本刊上期刘士能先生在智化寺调查记中说："唐宋以来有伽蓝七堂之称。唯各宗略有异同，而同在一宗，复因地域环境，互有增省……"现在卧佛寺中院，除去最后的后殿外，前面各堂为数适七，虽不敢说这是七堂之例，但可借此略窥制度耳。

这种平面布置，在唐宋时代很是平常，敦煌画壁里的伽蓝都是如此布置，在日本各地也有飞鸟平安时代这种的遗例。在北平一带（别处如何未得详究），却只剩这一处唐式平面了。所以人人熟识的卧佛寺，经过许多人用帆布床"卧"过的卧佛寺游廊，是还有一点新的理由，值得游人将来重加注意的。

卧佛寺各部殿宇的立面（外观）和断面（内部结构）却都是清式中极规矩的结构，用不着细讲。至于殿前伟丽的娑罗宝树，和树下消夏的青年们所给予你的是什么复杂的感觉，那是各人的人生观问题，建筑师可以不必掺加意见。事实极明显的，如东院几进宜于消夏乘凉；西院的观音堂总有人租住；堂前的方池——旧籍中无数记录的方池——现在已成了游泳池，更不必赘述或加

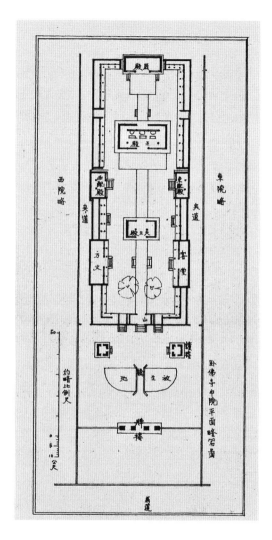

卧佛寺中院平面图略

任何的注解。

"凝神映性"的池水，用来作锻炼身体之用，在青年会道德观之下，自成道理——没有康健的身体，焉能有康健的精神？或许！或许！但怕池中的微生物杂菌不甚懂事。

池的四周原有精美的白石栏杆，已拆下叠成台阶，做游人下池的路。不知趣的、容易伤感的建筑师，看了又一阵心酸。其实这不算稀奇，中世纪的教皇们不是把古罗马时代的庙宇当石矿用，采取那石头去修"上帝的房子"吗？这台阶——栏杆——或也不过是将原来离经叛道"崇拜偶像者"的迷信废物，拿去为上帝人道尽义务。"保存古物"，在许多人听去当是一句迂腐的废话。"这年头！这年头！"每个时代都有些人在没奈何时，喊着这句话出出气。

二　法海寺门与原先的居庸关

法海寺在香山之南，香山通八大处马路的西边不远。一个很小的山寺，谁也不会上那里去游览的。寺的本身在山坡上，寺门却在寺前一里多远山坡底下。坐汽车走过那一带的人，怕绝对不会看见法海寺门一类无关轻重的东西的。骑驴或走路的人，也很难得注意到在山谷碎石堆里那一点小建筑物。尤其是由远处看，它的颜色和背景非常相似。因此看见过法海寺门的人我敢相信一定不多。

特别留意到这寺门的人，却必定有。因为这寺门的形式是与寻常的极不相同：有圆拱门洞的城楼模样，上边却顶着一座喇嘛式的塔——一个缩小的北海白塔。这奇特的形式，不是中国建筑

法海寺拱门及门上塔

里所常见的。

这圆拱门洞是石砌的。东面门额上题着"敕赐法海禅寺"，旁边陪着一行"顺治十七年夏月吉日"的小字。西面额上题着三种文字，其中看得懂的中文是"唵巴得摩乌室尼渴华麻列吽登吒"，其他两种或是满蒙各占其一个。走路到这门下，疲乏之余，读完这一行题字也就觉得轻松许多！

门洞里还有隐约的画壁，顶上一部分居然还勉强剩出一点颜色来。由门洞西望，不远便是一座石桥，微拱地架过一道山沟，接着一条山道直通到山坡上寺的本身。

门上那座塔的平面略似十字形而较复杂。立面分多层，中间束腰石色较白，刻着生猛的浮雕狮子。在束腰上枋以上，各层重叠像阶级，每级每面有三尊佛像。每尊佛像带着背光，成一浮雕薄片，周围有极精致的琉璃边框。像脸不带色釉，眉目口鼻均伶俐秀美，全脸大不及寸余。座上便是塔的圆肚，塔肚四面四个浅龛，中间坐着浮雕造像，刻工甚俊。龛边亦有细刻。更上是相轮（或称刹），刹座刻作莲瓣，外廓微作盆形，底下还有小方十字座。最顶尖上有仰月的教徽。仰月徽去夏还完好，今秋已掉下。据乡人说是八月间大风雨吹掉的，这塔的破坏于是又进了一步。

这座小小带塔的寺门，除门洞上面一围砖栏杆外，完全是石造的。这在中国又是个少有的例。现在塔座上斜长着一棵古劲的柏树，为塔门增了不少的苍姿，更像是做它的年代的保证。为塔门保存计，这种古树似要移去的。怜惜古建的人到了这里真是彷徨不知所措；好在在古物保存如许不周到的中国，这忧虑未免神经过敏！

法海寺门特点却并不在上述诸点，石造及其年代等等，主要的却是它的式样与原先的居庸关相类似。从前居庸关上本有一座塔的，但因倾颓已久，无从考其形状。不想在平郊竟有这样一个发现。虽然在《日下旧闻考》里法海寺只占了两行不重要的位置；一句轻淡的"门上有小塔"，在研究居庸关原状的立脚点看来，却要算个重要的材料了。

三　杏子口的三个石佛龛

由八大处向香山走，出来不过三四里，马路便由一处山口里开过。在山口路转第一个大弯，向下直趋的地方，马路旁边，微偻的山坡上，有两座小小的石亭。其实也无所谓石亭，简直就是两座小石佛龛。两座石龛的大小稍稍不同，而它们的背面却同是不客气地向着马路。因为它们的前面全是向南，朝着另一个山口——那原来的杏子口。

在没有马路的时代，这地方才不愧称作山口。在深入三四十尺的山沟中，一道唯一的蜿蜒险狭的出路；两旁对峙着两堆山，一出口则豁然开朗一片平原田壤，海似的平铺着，远处浮出同孤岛一般的玉泉山，托住山塔。这杏子口的确有小规模的"一夫当关，万夫莫敌"的特异形势。两石佛龛既据住北坡的顶上，对面南坡上也立着一座北向的、相似的石龛，朝着这山口。由石峡底下的杏子口往上看，这三座石龛分峙两崖，虽然很小，却顶着一种超然的庄严，镶在碧澄澄的天空里，给辛苦的行人一种神异的快感和美感。

现时的马路是在北坡两龛背后绕着过去，直趋下山。因其逼近两龛，所以驰车过此地的人，绝对要看到这两个特别的石亭子

杏子口南崖石佛龛

的。但是同时因为这山路危趋的形势，无论是由香山西行，还是从八大处东去，谁都不愿冒险停住快驶的汽车去细看这么几个石佛龛子。于是多数的过路车客，全都遏制住好奇爱古的心，冲过去便算了。

假若作者是个细看过这石龛的人，那是因为他是例外，遏止不住他的好奇爱古的心，在冲过便算了不知多少次以后发誓要停下来看一次的。那一次也就不算过路，却是带着照相机去专程拜谒；且将车驶过那危险的山路停下，又步行到龛前后去瞻仰丰采的。

在龛前，高高地往下望着那刻着几百年车辙的杏子口石路，看一个小泥人大小的农人挑着担过去，又一个戴朵鬓花的老婆子，夹着黄色包袱，弯着背慢慢地踱过来，才能明白这三座石龛本来的使命。如果这石龛能够说话，他们或不能告诉得完他们所看过经过杏子口底下的图画——那时一串骆驼正在一个跟着一个地，穿出杏子口转下一个斜坡。

北坡上这两座佛龛是并立在一个小台基上，它们的结构都是由几片青石片合成——每面墙是一整片，南面有洞，屋顶每层檐一片。西边那座龛较大，平面约一米余见方，高约二米。重檐，上层檐四角微微翘起，值得注意。东面墙上有历代的刻字，跑着的马，人脸的正面等等。其中有几个年月人名，较古的有"承安五年四月廿三日到此"和"至元九年六月十五日□□□贾智记"。承安是金章宗年号，五年是公元1200年；至元九年是元世祖的年号，元顺帝的至元到六年就改元了，所以是公元1272年。这小小的佛龛，至迟也是金代遗物，居然在杏子口受了七百多年以上的风雨，依然存在。当时巍然顶在杏子口北崖上的神气，现

石佛龛西龛东面刻字

在被煞风景的马路贬到盘坐路旁的谦抑；但它们的老资格却并不因此减损，那种倚老卖老的倔强，差不多是傲慢冥顽了。西面墙上有古拙的画——佛像和马——那佛像的样子，骤看竟像美洲土人的Totem-Pole。

龛内有一尊无头趺坐的佛像，虽像身已裂，但是流丽的衣褶纹，还有"南宋期"的遗风。

台基上东边的一座较小，只有单檐，墙上也没字画。龛内有小小无头像一躯，大概是清代补作的。这两座都有苍绿的颜色。

台基前面有宽二米长四米余的月台，上面的面积勉强可以叩拜佛像。

南崖上只有一座佛龛，大小与北崖上小的那座一样。三面做墙的石片，已成淳厚的深黄色，像纯美的烟叶。西面刻着双钩的"南"字，南面"无"字，东面"佛"字，都是径约八分米。北面开门，里面的佛像已经失了。

这三座小龛，虽不能说是真正的建筑遗物，也可以说是与建筑有关的小品。不止诗意、画意都很充足，"建筑意"更是丰富，实在值得停车一览。至于走下山坡到原来的杏子口里望上真真瞻仰这三龛本来庄严峻立的形势，更是值得。

关于北平掌故的书里，还未曾发现有关于这三座石佛龛的记载。好在对于它们年代的审定，因有墙上的刻字，已没有什么难题。所可惜的是它们渺茫的历史无从参考出来，为我们的研究增些趣味。

初刊于1932年11月《中国营造学社汇刊》第3卷第4期，署名梁思成、林徽因。

闲谈关于古代建筑的一点消息（一）

　　在这整个民族和他的文化，均在挣扎着他们垂危的运命的时候，凭你有多少关于古代艺术的消息，你只感到说不出口的难受！艺术是未曾脱离过一个活泼的民族而存在的；一个民族衰败湮没，他们的艺术也就跟着消沉僵死。知道一个民族在过去的时代里，曾有过丰富的成绩，并不保证他们现在仍然在活跃繁荣的。

　　但是反过来说，如果我们到了连祖宗传留下的家产都没有能力清理或保护；乃至于让家里的至宝毁坏散失，或竟拿到旧货摊上变卖；这现象却又恰恰证明我们这做子孙的没有出息，智力德行已经都到了不能再堕落的田地。睁着眼睛向旧有的文艺喝一声："去你的，咱们维新了，革命了，用不着再留丝毫旧有的任何智识或技艺了。"这话不但不通，简直是近乎无赖！

　　话是不能说到太远，题目里已明显地提出有关于古建筑的消息在这里，不幸我们的国家多故，天天都是迫切的危难临头，骤听到艺术方面的消息似乎觉到有点不识时宜，但是，相信我——上边已说了许多——这也是我们当然会关心的一点事，如果我们这民族还没有堕落到不认得祖传宝贝的田地。

这消息简单地说来，就是新近有几个死心眼的建筑师，放弃了他们盖洋房的好机会，卷了铺盖到各处测绘几百年前他们同行中的先进，用他们当时的一切聪明技艺，所盖惊人的伟大建筑物，在我投稿时候正在山西应县辽代的八角五层木塔前边。

山西应县的辽代木塔，说来容易，听来似乎也平淡无奇，值不得心多跳一下，眼睛睁大一分。但是西历1056年到现在，算起来是整整877年。古代完全木构的建筑物高到285尺，在中国也就剩这一座独一无二的应县佛宫寺塔了。比这塔更早的木构已经专家看到、加以认识和研究的，在国内的只不过五处[1]而已。

中国建筑的演变史在今日还是个灯谜，将来如果有一天，我们有相当的把握写部建筑史时，那部建筑史也就可以像一部最有趣味的侦探小说，其中主要的人物给侦探以相当方便和线索的，左不是那几座现存的最古遗物。现在唐代木构在国内还没找到一个，而宋代所刊营造法式又还有困难不能完全解释的地方，这距唐不久，离宋全盛时代还早的辽代，居然遗留给我们一些顶呱呱的木塔、高阁、佛殿、经藏，帮我们抓住前后许多重要的关键，这在几个研究建筑的死心眼人看来，已是了不起的事了。

我最初对于这应县木塔似乎并没有太多的热心，原因是思成自从知道了有这塔起，对于这塔的关心，几乎超过他自己的日常生活。早晨洗脸的时候，他会说"上应县去不应该是太难吧"。吃饭的时候，他会说"山西都修有顶好的汽车路了"。走路的时

---

1 蓟县独乐寺观音阁及山门，辽统和二年（984）。大同下华严寺薄伽教藏，辽重熙七年（1038）。宝坻广济寺三大士殿，辽太平五年（1025）。义县奉国寺大雄宝殿，辽开泰九年（1020）。

大同古城

候，他会忽然间笑着说，"如果我能够去测绘那应州塔，我想，我一定……"他话常常没有说完，也许因为太严重的事怕语言亵渎了，最难受的一点是他根本还没有看见过这塔的样子，连一张模糊的相片，或翻印都没有见到！

有一天早上，在我们少数信件之中，我发现有一个纸包，寄件人的住址却是山西应县××斋照相馆！——这才是侦探小说有趣的一页——原来他想了这么一个方法写封信"探投山西应县最高等照相馆"，弄到一张应州木塔的相片。我只得笑着说阿弥陀佛，他所倾心的幸而不是电影明星！这照相馆的索价也很新鲜，他们要一点北平的信纸和信笺作酬金，据说因为应县没有南纸店。

时间过去了三年让我们来夸他一句"有志者事竟成"吧，这位思成先生居然在应县木塔前边——何止，竟是上边、下边、里边、外边——绕着测绘他素仰的木塔了。

通信一

……大同工作已完，除了华严寺外都颇详尽，今天是到大同以来最疲倦的一天，然而也就是最近于首途应县的一天了，十分高兴。明晨七时由此搭公共汽车赴岱岳，由彼换轿车"起早"，到即电告。你走后我们大感工作不灵，大家都用愉快的意思回忆和你各处同作的畅顺，悔惜你走得太早。我也因为想到我们和应塔特殊的关系，悔不把你硬留下同去瞻仰。家里放下许久实在不放心，事情是绝对没有办法，可恨。应县工作约四五日可完，然后再赴×县……

通信二

　　昨晨七时由同乘汽车出发，车还新，路也平坦，有时竟走到每小时五十里的速度，十时许到岱岳。岱岳是山阴县一个重镇，可是雇车费了两个钟头才找到，到应县时已八点。

　　离县二十里已见塔，由夕阳返照中见其闪烁，一直看到它成了剪影，那算是我对于这塔的拜见礼。在路上因车摆动太甚，稍稍觉晕，到后即愈。县长养有好马，回程当借匹骑走，可免受晕车苦罪。

　　今天正式地去拜见佛宫寺塔，绝对的、势不可挡的，好到令人叫绝，喘不出一口气来半天！

　　塔共有五层，但是下层有副阶（注：重檐建筑之次要一层，宋式谓之副阶）上四层，每层有平坐，实算共十层。因梁架斗拱之不同，每层须量俯视、仰视、平面各一，共二十个平面图要画！塔平面是八角，每层须做一个正中线和一个斜中线的断面。斗拱不同者三四十种，工作是意外的繁多，意外的有趣，未来前的"五天"工作预算恐怕不够太多。

　　塔身之大，实在惊人，每面三开间，八面完全同样。我的第一个感触，便是可惜你不在此，同我享此眼福，不然我真不知你要五体投地地倾倒！回想在大同善化寺暮色里同向着塑像瞪目咋舌的情形，使我愉快得不愿忘记那一刹那人生稀有的由审美本能所触发的锐感。尤其是同几个兴趣同样的人在同一个时候浸在那锐感里边。士能忘情时那句"如果元明以后有此精品，我的刘字倒挂起来了"，我时常还听得见。这塔比起大同诸殿更加雄伟，单是那高度已可观，士能很高兴他竟听我们的劝说没有放弃这一处，同来看看，虽然他要不待测量先走了。

应县是一个小小的城，是一个产盐区，在地下掘下不深就有咸水，可以煮盐，所以是个没有树的地方，在塔上看全城，只数到十四棵不很高的树！

工作繁重，归期怕要延长很多，但一切吃住都还舒适，住处离塔亦不远，请你放心。……

通信三

士能已回，我同莫君留此详细工作，离家已将一月却似更久。想北平正是秋高气爽的时候。非常想家！

相片已照完，十层平面全量了，并且非常精细，将来誊画正图时可以省事许多。明天起，量斗拱和断面，又该飞檐走壁了。我的腿已有过厄运，所以可以不怕。现在做熟了，希望一天可做两层，最后用仪器测各檐高度和塔刹，三四天或可竣工。

这塔真是个独一无二的伟大作品，不见此塔，不知木构的可能性，到了什么程度。我佩服极了，佩服建造这塔的时代，和那时代里不知名的大建筑师，不知名的匠人。

这样的现状尚不坏，虽略有朽裂处。八百七十余年的风雨它不动声色地承受。并且它还领教过现代文明：民十六七年间冯玉祥攻山西时，这塔曾吃了不少的炮弹，痕迹依然存在，这实在叫我脸红。第二层有一根泥道拱竟为打去一节。第四层内部阑额内尚嵌着一弹，未经取出，而最下层西面两檐柱都有碗口大小的孔，正穿通柱身，可谓无独有偶。此外枪孔无数，幸而尚未打倒，也算是这塔的福气。现在应县人士有捐钱重修之议，将来回平后将不免为他们奔走一番，不用说动工时还须再来应县一次。

×县至今无音信，虽然前天已发电去询问，若两三天内回信来，与大同诸寺略同则不去，若有唐代特征如人字拱（！）鸱尾等等，则一步一磕头也要去的！……

通信四

……这两天工作颇顺利，塔第五层（即顶层）的横断面已做了一半，明天可以做完。断面做完之后，将有顶上之行，实测塔顶相轮之高；然后楼梯、栏杆、格扇的详样；然后用仪器测全高及方向；然后抄碑；然后检查损坏处，以备将来修理。我对这座伟大建筑物目前的任务，便暂时告一段落了。

今天工作将完时，忽然来了一阵"不测的风云"。在天晴日美的下午五时前后狂风暴雨，雷电交作。我们正在最上层梁架上，不由得不感到自身的危险，不单是在二百八十多尺高将近千年的木架上，而且近在塔顶铁质相轮之下，电母风伯不见得会讲特别交情。我们急着爬下，则见实测纪录册子已被吹开，有一页已飞到栏杆上了。若再迟半秒钟，则十天的工作有全部损失的危险，我们追回那一页后，急步下楼——约五分钟——到了楼下，却已有一线骄阳，由蓝天云隙里射出，风雨雷电已全签了停战协定了。我抬头看塔仍然存在，庆祝它又避过了一次雷打的危险，在急流成渠的街道（？）上，回到住处去。

　　我在此每天除爬塔外，还到××斋看了托我买信笺的那位先生。他因生意萧条，现在只修理钟表而不照相了。……

这一段小小的新闻，抄用原来的通讯，似乎比较可以增加读者的兴趣，又可以保存朝拜这古塔的人的工作时印象和经过，又可以省却写这段消息的人说出旁枝的话。虽然在通讯里没讨论到结构上的专门方面，但是在那一部侦探小说里也自成一章，至少那××斋照相馆的事例颇有始有终，思成和这塔的因缘也可算圆满。

关于这塔，我只有一桩事要加附注。在佛宫寺的全部平面布置上，这塔恰恰在全寺的中心，前有山门、钟楼、鼓楼、东西两配殿，后面有桥通平台，台上还有东西两配殿和大殿。这是个极有趣的布置，至少我们疑心古代的伽蓝有许多是如此把高塔放在当中的。

初刊于1933年10月7日天津《大公报》（文艺副刊）第5期，署名林徽因。原标题为《闲谈关于古代建筑的一点消息（一）》（附梁思成君通信四则）。

清式营造则例

一

中国建筑为东方独立系统，数千年来，继承演变，流布极广大的区域。虽然在思想及生活上，中国曾多次受外来异族的影响，发生多少变异，而中国建筑直至成熟繁衍的后代，竟仍然保存着它固有的结构方法及布置规模；始终没有失掉它的原始面目，形成一个极特殊、极长寿、极体面的建筑系统。故这系统建筑的特征，足以加以注意的，显然不单是其特殊的形式，而是产生这特殊形式的基本结构方法，和这结构法在这数千年中单纯顺序的演进。

所谓原始面目，即是我国所有建筑，由民舍以至宫殿，均由若干单个独立的建筑物集合而成；而这单个建筑物，由最古代简陋的胎形，到最近代穷奢极巧的殿宇，均始终保留着三个基本要素：台基部分、柱梁或木造部分及屋顶部分。在外形上，三者之中，最庄严美丽、迥然殊异于他系建筑、为中国建筑博得最大荣誉的，自是屋顶部分。但在技艺上，经过最艰巨的努力、最繁复的演变，登峰造极，在科学、美学两层条件下最成功的，却是支承那屋顶的柱梁部分，也就是那全部木造的骨架。这全部木造的结构法，也便是研究中国建筑的关键所在。

中国木造结构方法，最主要的就在构架之应用。北方有句通行的谚语，"墙倒房不塌"，正是这结构原则的一种表征。其用法则在构屋程序中，先用木材构成架子作为骨干，然后加上墙壁，如皮肉之附在骨上，负重部分全赖木架，毫不借重墙壁（所有门窗装修部分绝不受限制，可尽量充满木架下空隙，墙壁部分则可无限制地减少）；这种结构法与欧洲古典派建筑的结构法，在演变的程序上，互异其倾向。中国木构正统一贯享了三千多年的寿命，仍还健在。希腊古代木构建筑则在纪元前十几世纪，已被石取代，由构架变成垒石，支重部分完全倚赖"荷重墙"（墙既荷重，墙上开辟门窗处，因能减损荷重力量，遂受极大限制；门窗与墙在同建筑中乃成冲突元素）。在欧洲各派建筑中，除去最现代始盛行的钢架法，及钢筋水泥构架法外，唯有哥特式建筑，曾经用过构架原理；但哥特式仍是垒石发券作为构架，规模与单纯木架甚是不同。哥特式中又有所谓"半木构法"则与中国构架极相类似。唯因有垒石制影响之同时存在，此种半木构法之应用，始终未能如中国构架之彻底纯净。

屋顶的特殊轮廓为中国建筑外形上显著的特征，屋檐支出的深远则又为其特点之一。为求这檐部的支出，用多层曲木承托，便在中国构架中发生了一个重要的斗拱部分；这斗拱本身的进展，且代表了中国各时代建筑演变的大部分历程。斗拱不唯是中国建筑独有的一个部分，而且在后来还成为中国建筑独有的一种制度。就我们所知，至迟自宋始，斗拱就有了一定的大小权衡，以斗拱之一部为全部建筑物权衡的基本单位，如宋式之"材""契"与清式之"斗口"。这制度与欧洲文艺复兴以后以希腊罗马旧物作则所制定的法式，以柱径之倍数或分数定建筑物各部一定的权衡极相类似。所以这用斗拱的构架，实是中国建筑真髓所在。

斗拱后来虽然变成构架中极复杂之一部，原始却甚简单，它的历史竟可以说与华夏文化同长。秦汉以前，在实物上，我们现在还没有发现有把握的材料供我们研究，但在文献里，关于描写构架及斗拱的词句，则多不胜载：如臧文仲之"山节藻梲"，鲁灵光殿"层栌磥垝以岌峨，曲枅要绍而环句"等。但单靠文人的词句，没有实物的印证，由现代研究工作的眼光看去极感到不完满。没有实物我们是永没有法子真正认识，或证实，如"山节""层栌""曲枅"这些部分之为何物，但猜疑它们为木构上斗拱部分，则大概不会太谬误的。现在我们只能希望在最近的将来考古家实地挖掘工作里能有所发现，可以帮助我们更确实地了解。

实物真正之有"建筑的"价值者，现在只能上达东汉。墓壁的浮雕画像（图1）中往往有建筑的图形；山东、四川、河南多处的墓阙（图2），虽非真正的宫室，但是用石料模仿木造的实物（早代木造建筑，因限于木料之不永久性，不能完整地存在到今日，所以供给我们研究的古代实物，多半是用石料明显地模仿木造的建筑物。且此例不单限于中国古代建筑）。在这两种不同的石刻之中，构架上许多重要的基本部分，如柱、梁、额、屋顶、瓦饰等等，多已表现；斗拱更是显著，与两千年后的，在制度、权衡、大小上，虽有不同，但其基本的观念和形体，却是始终一贯的。

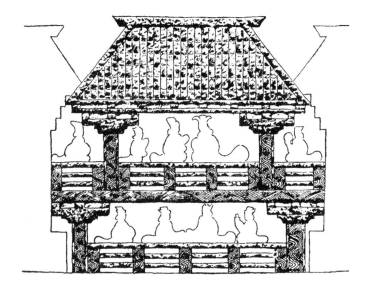

图 1

图2

在云冈、龙门、天龙山诸石窟，我们得见六朝遗物。其中天龙山石窟，尤为完善（图3），石窟口凿成整个门廊，柱、额、斗拱、椽、檐、瓦，样样齐全。这是当时木造建筑忠实的石型，由此我们可以看到当时斗拱之形制，和结构雄大、简单疏朗的特征。

唐代给后人留下的实物最多是砖塔，垒砖之上又雕刻成木造部分，如柱、阑额、斗拱。唐时木构建筑完整存在到今日，虽属可能，但在国内至今尚未发现过一个，所以我们常依赖唐人画壁里所描画的伽蓝、殿宇来作各种参考。由西安大雁塔门楣上石刻——一幅惊人的清晰写真的描画——研究斗拱，知已较六朝更进一步（图4）。在柱头的斗拱上有两层向外伸出的翘，翘头上已有横拱、厢拱。敦煌石窟中唐五代的画壁（图5），用鲜明准确的色与线，表现出当时殿宇楼阁，凡是在建筑的外表上所看得见的结构，都极忠实地表现出来。斗拱虽是难于描画的部分，但在画里却清晰，可以看到规模。当时建筑的成熟实已可观。

整个木造实物，国内虽尚未得见唐以前物，但在日本则有多处，尚巍然存在。其中著名的，如奈良法隆寺之金堂、五重塔和中门，乃飞鸟时代物，适当隋代，而其建造者乃由高丽东渡的匠师。奈良唐招提寺的金堂及讲堂乃唐僧鉴真法师所立，建于天平时期，适为唐肃宗至德二年。这些都是隋唐时代中国建筑在远处得流传者，为现时研究中国建筑演变的极重要材料，尤其是唐招提寺的金堂，斗拱的结构与大雁塔石刻画中的斗拱结构，几完全符合——一方面证明大雁塔刻画之可靠；一方面又可以由这实物一探当时斗拱结构之内部。

宋辽遗物甚多，即限于已经专家认识、摄影，或测绘过的

图 3

图 4

图 5

各处来说，最古的已有距唐末仅数十年时的遗物。近来发现又重新刊行问世的李明仲《营造法式》一书，将北宋晚年"官式"建筑，详细地用图样说明，乃是罕中又罕的术书。于是宋代建筑蜕变的程序，步步分明。使我们对这上承汉唐，下启明清的关键，已有十分满意的把握。

元明术书虽然没有存在的，但遗物可征者，现在还有很多，不难加以相当整理。清代于雍正十二年钦定公布《工程做法则例》，凡在北平的一切公私建筑，在京师以外许多的"敕建"建筑，都崇奉则例，不敢稍异。现在北平的故宫及无数庙宇，可供清代营造制度及方法之研究。优劣姑不论，其为我国几千年建筑的嫡嗣，则绝无可疑。不研究中国建筑则已，如果认真研究，则非对清代则例相当熟识不可。在年代上既不太远，术书遗物又最完全，先着手研究清代，是势所必然。有一近代建筑知识作根底，研究古代建筑时，在比较上便不至茫然无所依傍，所以研究清式则例，也是研究中国建筑史者所必须经过的第一步。

二

以现代眼光，重新注意到中国建筑的一般人，虽然尊崇中国建筑特殊外形的美丽，却常忽视其结构上之价值。这忽视的原因，常常由于笼统的对中国建筑存一种不满的成见。这不满的成见中最重要的成分，是觉到中国木造建筑之不能永久。其所以不能永久的主因，究为材料本身或是其构造法的简陋，却未尝深加探讨。中国建筑在平面上是离散的，若干座独立的建筑物，分配在院宇各方，所以虽然最主要雄伟的宫殿，若是以一座单独的结构，与欧洲任何全座负盛名的石造建筑物比较起来，显然小而简单，似有逊色。这个无形中也影响到近人对本国建筑的怀疑或蔑视。

中国建筑既然有上述两特征，以木材作为主要结构材料，在平面上是离散的、独立的单座建筑物，严格地说，我们便不应以单座建筑作为单位，与欧美全座石造繁重的建筑物作任何比较。但是若以今日西洋建筑学和美学的眼光来观察中国建筑本身之所以如是，和其结构历来所本的原则，及其所取的途径，则这统系建筑的内容，的确是最经得起严酷的分析而无所惭愧的。

我们知道一座完善的建筑，必须具有三个要素：适用、坚固、美观。但是这三个条件都不是有绝对的标准的。因为任何建筑皆不能脱离产生它的时代和环境来讲的；其实建筑本身常常是时代环境的写照。建筑里一定不可避免的，会反映着各时代的智识、技能、思想、制度、习惯，和各地方的地理气候。所以所谓适用者，只是适合于当时当地人民生活习惯气候环境而讲。所谓坚固，更不能脱离材料本质而论；建筑艺术是产生在极酷刻的物理限制之下，天然材料种类很多，不一定都凑巧地被人采用，被选择采用的材料，更不一定就是最坚固、最容易驾驭的。既被选用的材料，人们又常常习惯地继续将就它，到极长久的时间，虽然在另一方面，或者又引用其他材料、方法，在可能范围内来补救前者的不足。所以建筑艺术的进展，大部也就是人们选择、驾驭、征服天然材料的试验经过。所谓建筑的坚固，只是不违背其所用材料之合理的结构原则，运用通常智识技巧，使其在普通环境之下——兵火例外——能有相当永久的寿命的。例如石料本身比木料坚固，然在中国用木的方法竟达极高度的圆满，而用石的方法甚不妥当，且建筑上各种问题常不能独用石料解决，即有用石料处亦常发生弊病，反比木质的部分容易损毁。

至于论建筑上的美，浅而易见的，当然是其轮廓、色彩、材质等，但美的大部分精神所在，却蕴于其权衡中：长与短之比，平面上各大小部分之分配，立体上各体积各部分之轻重均等，所谓增一分则太长，减一分则太短的玄妙。但建筑既是主要解决生活上的各种实际问题，而用材料所结构出来的物体，无论美的精神多缥缈难以捉摸，建筑上的美，是不能脱离合理的、有机能的、有作用的结构而独立的。能呈现平稳、舒适、自然的外像；能诚实地袒露内部有机的结构、各部的功用，及全部的组织；不事掩饰；不矫揉造作；能自然地发挥其所用材料的本质的特性；只设施雕饰于必需的结构部分，以求更和悦的轮廓、更谐调的色彩；不勉强结构出多余的装饰物来增加华丽；不滥用曲线或色彩来求媚于庸俗：这些便是"建筑美"所包含的各条件。

中国建筑，不容疑义的，曾经具备过以上所说的三个要素：适用、坚固、美观。在木料限制下经营结构"权衡俊美的""坚固"的各种建筑物，来适应当时当地的种种生活习惯的需求。我们只说其"曾经"具备过这三要素，因为中国现代生活种种与旧日积渐不同。所以旧制建筑的各种分配，随着不同便渐不适用。尤其是因政治制度和社会组织忽然改革，迥然与先前不同；一方面许多建筑物完全失掉原来功用——如宫殿、庙宇、官衙、城楼等等—— 一方面又需要因新组织而产生的许多公共建筑——如学校、医院、工厂、驿站、图书馆、体育馆、博物馆、商场等等——在适用一条下，现在既完全地换了新问题，旧的答案之不能适应，自是理之当然。

中国建筑坚固问题，在木料本质的限制之下，实是成功的，下文分析里，更可证明其在技艺上，有过极艰巨的努力，而得到许多圆满，且可骄傲的成绩。如"梁架"、如"斗拱"、如"翼角翘起"种种结构做法及用材。直至最近近代科学猛进，坚固标准骤然提高之后，木造建筑之不永久性，才令人感到不满意。但是近代新发明的科学材料，如钢架及钢骨水泥，作木石的更经济、更永久的替代，其所应用的结构原则，却正与我们历来木造结构所本的原则符合。所以即使木料本身有遗憾，因木料所产生的中国结构制度的价值则仍然存在，且这制度的设施，将继续地应用在新材料上，效劳于我国将来的新建筑。这一点实在是值得注意的。

已往建筑即使因人类生活状态之更换，至失去原来功用，其历史价值不论，其权衡俊秀或魁伟，结构灵活或诚朴，其纯美术价值仍显然是绝不能讳认的。古埃及的陵殿、希腊的神庙、中世纪的堡垒、文艺复兴中的宫苑，皆是建筑中的至宝，虽然其原始作用已全失去。虽然建筑的美术价值不会因原始作用失去而低减，但是这建筑的"美"却不能脱离适当的、有机的、有作用的结构而独立的。

中国建筑的美就是合于这原则；其轮廓的和谐、权衡的俊秀伟丽，大部分是有机、有用的，结构所直接产生的结果。并非因其有色彩，或因其形式特殊，我们才推崇中国建筑；而是因产生这特殊式样的内部是智慧的组织，诚实的努力。中国木造构架中凡是梁、栋、檩、椽，及其承托、关联的结构部分，全部袒露无遗；或稍经修饰，或略加点缀，大小错杂、功用昭然。

三

　　虽然中国建筑有如上述的好处，但在这三千年中，各时期差别很大，我们不能笼统地一律看待。大凡一种艺术的始期，都是简单的创造、直率的尝试；规模粗具之后，才节节进步使达完善，那时期的演变常是生气勃勃的。成熟期既达，必有相当时期因承相袭、规定则例，即使对前制有所更改，亦仅限于琐节。单在琐节上用心"过犹不及"地增繁弄巧，久而久之，原始骨干精神必至全然失掉，变成无意义的形式。中国建筑艺术在这一点上也不是例外，其演进和退化的现象极明显的，在各朝代的结构中，可以看得出来。唐以前的，我们没有实物作根据，但以我们所知道的早唐和宋初实物比较，其间显明的进步使我们相信这时期必仍是生气勃勃、一日千里的时期。结构中含蕴早期的直率及魄力，而在技艺方面又渐精审成熟。以宋代头一百年实物和北宋末年所规定的则例（宋代李明仲《营造法式》）比看，它们相差之处，恰恰又证实成熟期到达后，艺术的运命又难免趋向退化。但建筑物的建造不易，且需时日，它的寿命最短亦以数十年、半世纪计算。所以演进退化，也都比较和缓转折。所以由南宋、元、明至清八百余年间，结构上的变化，虽无疑地均趋向退步，但中间尚有起落的波澜，结构上各细部虽多已变成非结构的形式，用材方面虽已渐渐过当得不经济，大部分骨干却仍保留着原始结构的功用，构架的精神尚挺秀健在。

　　现在且将中国构架中大小结构各部作个简单的分析，再将几个部分的演变略为申述，俾研究清式则例的读者，稍识那些严格规定的大小部分的前身，且知分别何者为功用的、魁伟诚实的骨干，何者为功用部分之堕落，成为纤巧非结构的装饰物。即引用清式则例之时，若需酌量增减变换，亦可因稍知其本来功用而有所凭借，或恢复其结构功用的重要，或矫正其纤细取巧之不适当者，或裁削其不智慧地、奢侈地用材。在清制权衡上既知其然，亦可稍知其所以然。

构架　木造构架所用的方法，是在四根立柱的上端，用两横梁两横枋周围牵制成一间。再在两梁之上架起层叠的梁架，以支桁；桁通一间之左右两端，从梁架顶上脊瓜柱上，逐级降落，至前后枋上为止。瓦坡曲线即由此而定。桁上钉椽，排比并列，以承望板；望板以上始铺瓦作，这是构架制骨干最简单的说法。这"间"所以是中国建筑的一个单位，每座建筑物都是由一间或多间合成的。

这构架方法之影响至其外表式样的，有以下最明显的几点：（一）高度受木材长短之限制，绝不出木材可能的范围。假使有高至二层以上的建筑，则每层自成一构架，相叠构成，如希腊、罗马之叠柱式。（二）即极庄严的建筑，也呈现绝对玲珑的外表。结构上无论建筑之大小，绝不需要坚厚的负重墙，除非故意为表现雄伟时，如城楼等建筑，酌量地增厚。（三）门窗大小可以不受限制；柱与柱之间可以全部安装透光线的小木作——门屏窗扇之类，使室内有充分的光线。不似垒石建筑门窗之为负重墙上的洞，门窗之大小与墙之坚弱是成反比例的。（四）层叠的梁架逐层增高，成"举架法"使屋顶瓦坡自然地、结构地获得一种特别的斜曲线。

斗拱　中国构架中最显著且独有的特征便是屋顶与立柱间过

渡的斗拱。椽出为檐，檐承于檐桁上，为求檐伸出深远，故用重叠的曲木——翘——向外支出，以承挑檐桁，为求减少桁与翘相交处的剪力，故在翘头加横的曲木——拱。在拱之两端或拱与翘相交处，用斗形木块——斗——垫托于上下两层拱或翘之间。这多数曲木与斗形木块结合在一起，用以支撑伸出的檐者，谓之斗拱。

这檐下斗拱的职能，是使房檐的重量渐次集中下来直到柱的上面。但斗拱亦不限于檐下，建筑物内部柱头上亦多用之，所以斗拱不分内外，实是横展结构与立柱间最重要的关节。

在中国建筑演变中，斗拱的变化极为显著，竟能大部分地代表各时期建筑技艺的程度及趋向。最早的斗拱实物我们没有木造的，但由仿木造的汉石阙上看，这种斗拱，明显地较后代简单得多；由斗上伸出横拱，拱之两端承檐桁。不止我们不见向外支出的翘，即和清式最简单的"一斗三升"比较，中间的一升亦未形成（虽有，亦仅为一小斗介于拱之两端）。直至北魏北齐如云冈天龙山石窟前门，始有斗拱像今日的一斗三升之制。唐大雁塔石刻门楣上所画斗拱，给予我们证据，唐时已有前面向外支出的翘（宋称华拱），且是双层，上层托着横拱，然后承桁。关于唐代斗拱形状，我们所知道的，不只限于大雁塔石刻，鉴真所建奈良唐招提寺金堂，其斗拱结构与大雁塔石刻极相似，由此我们也稍知此种斗拱后尾的结束。进化的斗拱中最有机的部分，"昂"，亦由这里初次得见。

国内我们所知道最古的斗拱结构，则是思成前年在河北蓟县所发现的独乐寺的观音阁（图6），阁为北宋初年（984）物，其斗拱结构的雄伟、诚实，一望而知其为有功用有机能的组织。

图 6 河北蓟县独乐寺观音阁（辽代建筑）

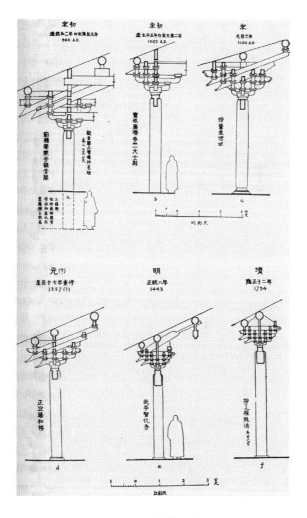

图 7 宋元明清斗拱之比较

这个斗拱中两昂斜起，向外伸出特长，以支深远的出檐，后尾斜削挑承梁底，如是故这斗拱上有一种应力：以昂为横杆，以大斗为支点，前檐为荷载，而使昂后尾下金桁上的重量下压维持其均衡。斗拱成为一种有机的结构，可以负担屋顶的荷载。

由建筑物外表之全部看来，独乐寺观音阁与敦煌的五代壁画极相似，连斗拱的构造及分布亦极相同。以此作最古斗拱之实例，向下跟着时代看斗拱演变的步骤，以至清代，我们可以看出一个一定的倾向，因而可以定清式斗拱在结构和美术上的地位。

插图是宋元明清斗拱比较图（图7），不必细看，即可见其（一）由大而小；（二）由简而繁；（三）由雄壮而纤巧；（四）由结构的而装饰的；（五）由真结构的而成假刻的部分如昂部；（六）分布由疏朗而繁密。

图中斗拱a及b都是辽圣宗朝物，可以说是北宋初年的作品。其高度约占柱高之半至五分之二。f柱与b柱同高，斗拱出踩较多一踩，按《工程做法则例》的尺寸，则斗拱高只及柱高之四分之一。而辽清间的其他斗拱如c、d、e、f，年代逾后，则斗拱与柱高之比逾小。在比例上如此，实际尺寸亦如此。于是后代的斗拱，日趋繁杂纤巧，斗拱的功用，日渐消失；如斗拱原为支檐之用，至清代则将挑檐桁放在梁头上，其支出远度无所赖于层层支出的曲木（翘或昂）。而辽宋斗拱，如a至d各图，均为一种有机的结构，负责承受檐及屋顶的荷载。明清以后的斗拱，除在柱头上者尚有相当结构机能外，其平身科已成为半装饰品了。至于斗拱之分布，在唐画中及独乐寺所见，柱头与柱头之间，率只用补间斗拱（清称平身科）一朵（攒）；《营造法式》规定当心间用两朵，次梢间用一朵。至明清以斗口十一分定攒档，两柱之间，可以用到八攒平身科，密密地排列，不止全没有结构价值，本身反成为额枋上累累，比起宋建，雄壮豪劲相差太多了。

梁架用材的力学问题，清式较古式及现代通用的结构法，都有个显著的大缺点。现代用木梁，多使梁高与宽作二与一或三与二之比，以求其最经济最得力的权衡。宋《营造法式》也规定为三与二之比。《工程做法则例》则定为十与八或十二与十之比，其断面近乎正方形，又是个不科学不经济的用材法。

屋顶　历来被视为极特异极神秘之中国屋顶曲线，其实只是结构上直率自然的结果，并没有什么超出力学原则以外和矫揉造作之处，同时在实用及美观上皆异常的成功。这种屋顶全部的曲线及轮廓，上部巍然高耸，檐部如翼轻展，使本来极无趣、极笨拙的实际部分，成为整个建筑物美丽的冠冕，是别系建筑所没有的特征。

因雨水和光线的切要实题，屋顶早就扩张出檐的部分。出檐远，檐沿则亦低压，阻碍光线，且雨水顺势急流，檐下亦发生溅水问题。为解决这两个问题，于是有飞檐的发明：用双层椽子，上层椽子微曲，使檐沿向上稍翻成曲线。到屋角时，更同时向左右抬高，使屋角之檐加甚其仰翻曲度。这"翼角翘起"，在结构上是极合理、极自然的布置，我们竟可以说：屋角的翘起是结构法所促成的。因为在屋角两檐相交处的那根主要构材——"角梁"及上段"由戗"——是较椽子大得很多的木材，其方向是与建筑物正面成四十五度的，所以那并排一列椽子，与建筑物正面成直角的，到了靠屋角处必须积渐开斜，使渐平行于角梁，并使

127

最后一根直到紧贴在角梁旁边。但又因椽子同这角梁的大小悬殊，要使椽子上皮与角梁上皮平，以铺望板，则必须将这开舒的几根椽子依次抬高，在底下垫"枕头木"。凡此种种皆是结构上的问题适当地被技巧解决了的。

这道曲线在结构上几乎是不可信的简单和自然，而同时在美观上不知增加多少神韵。不过我们须注意过当或极端的倾向，常将本来自然合理的结构变成取巧和复杂。这过当的倾向，表面上且呈出脆弱虚矫的弱点，为审美者所不取。但一般人常以愈巧愈繁必是愈美，无形中多鼓励这种倾向。南方手艺灵活的地方，飞檐及翘角均特别过当，外观上虽有浪漫的姿态，容易引人赞美，但到底不及北方现代所常见的庄重恰当，合于审美的真纯条件。

屋顶的曲线不只限于"翼角翘起"与"飞檐"，即瓦坡的全部，也是微曲的，不是一片直的斜坡；这曲线之由来乃从梁架逐层加高而成，称为"举架"，使屋顶斜度越上越峻峭，越下越和缓。《考工记》"轮人为盖……上欲尊而宇欲卑，上尊而宇卑，则吐水疾而溜远"，很明白地解释这种屋顶实际上的效用。在外观上又因这"上尊而宇卑"，可以矫正本来屋脊因透视而减低的倾向，使屋顶仍得巍然屹立，增加外表轮廓上的美。

至于屋顶上许多装饰物，在结构上也有它们的功用，或是曾经有过功用的。诚实地来装饰一个结构部分，而不肯勉强地来掩蔽一个结构枢纽或关节，是中国建筑最长之处；在屋顶瓦饰上，这原则仍是适用的。脊瓦是两坡接缝处重要的保护者，值得相当的注意，所以有正脊垂脊等部之应用。又因其位置之重要，略异其大小，所以正脊比垂脊略大。正脊上的正吻和垂脊上的走兽等等，无疑也曾是结构部分。我们虽然没有证据，但我们若假定正吻原是管着脊部木架及脊外瓦盖的一个总关键，也不算一种太离奇的幻想；虽然正吻形式的原始，据说是因为柏梁台灾后，方士说"南海有鱼虬，尾似鸱，激浪降雨"，所以做成鸱尾象，以厌火样的。垂脊下半的走兽仙人，或是斜脊上钉头经过装饰以后的变形。每行瓦陇前头一块上面至今尚有盖钉头的钉帽，这钉头是防止瓦陇下溜的。垂脊上饰物本来必不如清式复杂，敦煌壁画里常见用两座"宝珠"，显然像木钉的上部略经雕饰的。垂兽在斜脊上段之末，正分划底下骨架里由戗与角梁的节段，使这个瓦脊上饰物，在结构方面又增一种意义，不纯出于偶然。

台基　台基在中国建筑里也是特别发达的一部，也有悠久的历史。《史记》里"尧之有天下也，堂高三尺"。汉有三阶之制，左墄右平：三阶就是基台，墄即台阶的踏道，平即御路。这台基部分如希腊建筑的台基一样，是建筑本身之一部，而不可脱离的。在普通建筑里，台基已是本身中之一部，而在宫殿庙宇中尤为重要。如北平故宫三殿，下有白石崇台三重，为三殿作基座，如汉之三阶。这正足以表示中国建筑历来在布局上也是费了精详的较量，用这舒展的基座，来托衬壮伟巍峨的宫殿。在这点上日本徒知事模仿中国建筑的上部，而不采用底下舒展的基座，致其建筑物常呈上重下轻之势。近时新建筑亦常有只注重模仿旧式屋顶而摒弃底下基座的。所以那些多层的所谓仿宫殿式的崇楼华宇，许多是生硬地直出泥上，令人生不快之感。

关于台基的演变，我不在此赘述，只提出一个最值得注意之点来以供读《清式则例》时参考。台基有两种：一种平削方整的；另一种上下加枭混，清式称须弥座台基。这须弥座台基就是台基而加雕饰者，唐时已有，见于壁画，宋式更有见于实物的，且详载于《营造法式》中。但清式须弥座台基与唐宋的比较有个大不相同处：清式称"束腰"的部分，介于上下枭混之间，是一条细窄长道，在前时却是较大的主要部分——可以说是整个台基的主体。所以唐宋的须弥座基一望而知是一座台基上下加雕饰者，而清式的上下枭混与束腰竟是不分宾主，使台基失掉主体而纯像雕纹，在外表上大减其原来雄厚力量。在这一点上我们便可以看出清式在雕饰方面加增华丽，反倒失掉主干精神，实是个不可讳认的事实。

色彩 色彩在中国建筑上所占的位置，比在别式建筑中重要得多，所以也成为中国建筑主要特征之一。油漆涂在木料上本来为的是避免风日雨雪的侵蚀；因其色彩分配得当，所以又兼收实用与美观上的长处，不能单以色彩作奇特繁杂之表现。中国建筑上色彩之分配，是非常慎重的。檐下阴影掩映部分，主要色彩多为"冷色"，如青蓝碧绿，略加金点。柱及墙壁则以丹赤为其主色，与檐下幽阴裹冷色的彩画正相反其格调。有时庙宇的柱廊竟以黑色为主，与阶陛的白色相映衬。这种色彩的操纵可谓是轻重得当、极含蓄的能事。我们建筑既为用彩色的，设使这些色彩竟滥用于建筑之全部，使上下耀目辉煌，势必鄙俗用妖冶，乃至野蛮，无所谓美丽和谐或庄严了。琉璃于汉代自罽宾传入中国；用于屋顶当始于北魏，明清两代，应用尤广，这个由外国传来的宝贵建筑材料，更使中国建筑放一异彩。本来轮廓已极优美的屋宇，再加以琉璃色彩的宏丽，那建筑的冠冕便几无瑕疵可指。但在瓦色的分配上也是因为操纵得宜，尊重纯色的庄严，避免杂色的猥琐，才能如此成功。琉璃瓦即偶有用多色的例，亦只限于庭园小建筑物上面，且用色并不过滥，所砌花样亦能单简不奢。既用色彩又能俭约，实是我们建筑术中值得自豪的一点。

平面　关于中国建筑最后还有个极重要的讨论：那就是它的平面布置问题。但这个问题广大复杂，不包括于本绪论范围之内，现在不能涉及。不过有一点是研究清式则例者不可不知的，当在此略一提到。凡单独一座建筑物的平面布置，依照清《工部工程做法》所规定，虽其种类似乎众多不等，但到底是归纳到极呆板、极简单的定例。所有均以四柱牵制成一间的原则为主体的，所以每座建筑物中柱的分布是极规则的。但就我们所知道宋代单座遗物的平面看来，其布置非常活动，比起清式的单座平面自由得多了。宋遗物中虽多是庙宇，但其殿里供佛设座的地方、两旁供立罗汉的地方，每处不同。在同一殿中，柱之大小有几种不同的，正间、梢间柱的数目地位亦均不同的（参看中国营造学社各期《汇刊》辽宋遗物报告）。

所以宋式不止上部结构如斗拱斜昂是有机的组织，即其平面亦为灵活有功用的布置。现代建筑在平面上需要极端的灵活变化，凡是试验采用中国旧式建筑改为现代用的建筑师们，更不能不稍稍知道清式以外的单座平面，以备参考。

工程　现在讲到中国旧的工程学，本是对于现代建筑师们无所补益的，并无研究的价值。只是其中有几种弱点，不妨举出供读者注意而已。

（一）清代匠人对于木料，尤其是梁，往往用得太费。这点上文已讨论过。他们显然不明了横梁载重的力量只与梁高成正比例，而与梁宽的关系较小。所以梁的宽度，由近代工程学的眼光看来，往往嫌其太过。同时匠师对于梁的尺寸，因没有计算木力的方法，不得不尽量放大，用极高的安全率，以避免危险。结果不但是木料之大靡费，而且因梁本身重量太重，以致影响及于下部的坚固。

（二）中国匠师素不用三角形。他们虽知道三角形是唯一不变动几何形，但对于这原则却极少应用。在清式构架中，上部既有过重的梁，又没有用三角形支撑的柱，所以清代的建筑，经过不甚长久的岁月，便有倾斜的危险。北平街上随处有这种已倾斜而砖墩或木柱支撑的房子。

（三）地基太浅是中国建筑的一个大病。普通则例规定是台明高之一半，下面垫几步灰土。这种做法很不彻底，尤其是在北方，地基若不刨到冰线以下，建筑物的安全方面，一定会发生问题。

好在这几个缺点，在新建筑师手里，根本就不成问题。我们只怕不了解，了解之后，去避免或纠正它是很容易的。

上文已说到艺术有勃起、呆滞、衰落各种时期，就中国建筑讲，宋代已是规定则例的时期，留下《营造法式》一书；明代的《营造法式》虽未发现，清代的《工程做法则例》却极完整。所以就我们所确知的则例，已有将近千年的根基了。这九百多年之间，建筑的气魄和结构之直率，的确一代不如一代，但是我认为还在抄袭时期；原始精神尚大部保存，未能说是堕落。可巧在这时间，有新材料新方法在欧美产生，其基本原则适与中国几千年来的构架制同一学理。而现代工厂、学校、医院，及其他需要光线和空气的建筑，其墙壁门窗之配置，其钢筋混凝土及钢骨的构架，除去材料不同外，基本方法与中国固有的方法是相同的。这正是中国老建筑产生新生命的时期。在这时期，中国的新建筑师对于他祖先留下的一份产业实在应当有个充分的认识。因此思成将他所已知道的比较详尽的清式则例整理出来，以供建筑师们和建筑学生们的参考。他嘱我为作绪论，申述中国建筑之沿革，并略论其优劣，我对于中国建筑沿革所识几微，优劣的评论，更非所敢。姑草此数千言，拉杂成此一篇，只怕对《清式则例》读者无所裨益但乱听闻。不过我敢对读者提醒一声，规矩只是匠人的引导，创造的建筑师们和建筑学生们，虽须要明了过去的传统规矩，却不要盲从则例，束缚自己的创造力。我们要记着一句普通谚语："尽信书不如无书。"

初刊于1934年1月京城印书局印中国营造学社版梁思成著《清式营造则例》，出版时正文第一章之末署名林徽因。原标题为《〈清式营造则例〉第一章 绪论》。

建筑的传统与当前的建筑

两年多以前，解放了的中国人民就开始了全国性的建设工作。从那时到今天这短短的期间内，全国人民所建造的房屋面积比以往五千年历史中任何一个三年都多。土地改革后的农村中出现了数以百万计的新农舍；城市中出现了无数的工厂、学校、托儿所、医院、办公楼、工人住宅和市民住宅。通过这样庞大规模的工作，全国的建筑工人、建筑师和工程师都不断地提高了自己的政治觉悟，以最愉快的心情和高度的热情接受了全国人民交给他们的光荣任务——全心全意地进行一切和平建设，为美好的社会主义社会打下基础。

过去一世纪以来，我国沿海岸的大城市赤裸裸地反映了半殖民地的可耻的特性。上海是伦敦东头的缩影，青岛和大连的建筑完全反映日耳曼和日本的气氛。官僚地主丧失了民族自尊心，买办们崇拜外国商人在我们的土地上所蛮横地建造的"洋楼"，大城市的建筑工人也被迫放弃了自己的传统和艺术，为所谓"洋式建筑"服务。我国原有的建筑不但被鄙视，并且大量地被毁灭，城市原有的完整性、艺术风格上的一致性，被强暴地破坏了。帝国主义的军事、经济、文化的侵略本质，在我们许多城市中的建筑上显著而具体地表现了出来。

建筑本来是有民族特性的，它是民族文化中最重要的表现之一；新中国的建筑必须建筑在民族优良传统的基础上，这已是今天中国大多数建筑师们所承认的原则。凡是参加城市建筑设计的建筑师们都负有三重艰巨任务：他们必须肃清许多城市中过去半殖民地的可耻的丑恶面貌，必须恢复我们建筑上的民族特性，发扬光大祖国高度艺术性的建筑体系，同时又必须吸收外国的，尤其是苏联的先进经验，以满足新民主主义的经济建设和文化建设中众多而繁复的需求，真正地表现毛泽东时代的新中国的精神。

在人类各民族的建筑大家庭中，中华民族的建筑是一个独特的体系。我们祖先采用了一个极其智慧的方法：在一个台基上用木材先树立构架以负荷上部的重量；墙壁只做分隔内外的作用而不必负重，因而门窗的大小和位置都能取得最大的自由，不受限制。这个建筑体系能够适应任何气候，适用于从亚热带到亚寒带的广大地区。这种构架法正符合现代的钢架或钢筋水泥构架的原则，如果中国建筑采用这类现代材料和技术，在大体上是毫不矛盾的。这也是保持中国风格的极有利条件。

我们古代的建筑匠师们积累了世代使用木材的特别经验，创造了在柱头之上用层叠的挑梁，以承托上面横梁，使得屋顶部分出檐深远、瓦坡的轮廓优美。用层叠挑出的木材所构成的每一个组合称作"斗拱"。"斗拱"和它们所承托的庄严的屋顶，都是中国建筑上独有的特征，和欧洲教堂石骨发券结构一样，都是人类在建筑上所达到的高度艺术性的工程。我们古代的匠师们还巧妙地利用保护木材的油漆，大胆地把不同的颜色组成美丽的彩画、图案。不但用在建筑内部，并且用在建筑外部檐下的梁枋上，取得外表上的优异的效果。在屋瓦上，我们也利用有色的琉璃瓦。这种用颜色的艺术是中国建筑体系的一个显著特征。在应用色调和装潢方面，中国匠师表现出极强的控制能力，在建筑上所取得的总效果都表现着适当的富丽而又趋向于简练。另外还有一个特点：在中国建筑中，每一个露在外面的结构部分同时也就是它的装饰部分；那就是说，每一件装饰品都是加了工的结构部分。中国建筑的装饰与结构是完全统一的。天安门就是这一切优点的卓越的典型范例。

在平面布置上，一所房屋是由若干座个别的厅堂廊庑和由它们围绕着而形成的庭院或若干庭院组合而成的。建筑物和它们所围绕而成的庭院是作为一个整体而设计的。在处理空间的艺术上也达到了最高度的成就。

中国的建筑体系至迟在公元前15世纪形成，至迟到汉朝（公元前206年至公元220年）就已经完全成熟。木结构的形式，包括梁柱、斗拱和屋顶，已经被"翻译"到石建筑上去了。中国建筑虽然也采用砖石建造一些重要的工程和纪念性的建筑物，但仍以木结构为主，继续发展它的特长，使它日臻完善，这样成功地赋予纯粹木构建筑以宏大的气魄，是世界各建筑体系中所没有的现象。

这种庄重堂皇的建筑物最卓越显著的范例莫如北京的宫殿，那是所有到过北京的人们所熟悉的。当然，还有各地的许多庙宇衙署也都具有相同的品质。它们都以厅堂、门楼、廊庑以及它们所围绕着的庭院构成一个有机的整体，雄伟壮丽，它们能给人以不易磨灭的印象。这种同样的结构和部署用作住宅时，无论是乡间的农舍或是城市中的宅第，也都可以使其简朴而适合于日常工作和生活的需要。

古代木结构中一些各别罕贵重要的文物是应当在这里提到的。山西省五台山佛光寺的正殿是一座857年建造的佛教建筑，至今仍然十分完整。河北省蓟县的独乐寺中，立着中国第二古的木建筑。一座以两个正层和一个暗层构成的三层建筑也已经屹立了968年。这三层建筑是围绕着国内最大的一尊泥塑立像建造的。上两层的楼板当中都留出一个"井"，让立像高贯三楼，结构极为工巧。木结构另一个伟大的奇迹是察哈尔应县佛宫寺的木塔，有五个正层和四个暗层，共九层；由刹尖到地面共高六十六公尺。这个极其大胆的结构表现了我国古代匠师在结构方面和艺术方面无可比拟的成就。再过四年，这座雄伟的建筑就满了九百年的高龄了。从这几座千年左右的杰作中，我们不唯可以看到中国木构建筑的纪念性品质和工巧的结构，而且可以得出结论，这种木结构之所以能有这样的持久性，就是因为它的结构方法科学地合乎木材的性能。年龄在七百年以上的木建筑，据建筑史家局部的初步调查，全国还有三十余处。进一步有系统地调查，必然还要找到更多的遗物。可惜这三十余处中已经很少有完整的全组，而只是个别的殿堂。成组的如察哈尔大同的善化寺（辽金时代）和山西太原的晋祠（北宋）都是极为罕贵的。北京故宫——包括太庙（文化宫）和社稷坛（中山公园）——全组的布局，虽然时代略晚，但规模之大，保存之完整，更是珍贵无比的。

在砖或石的建筑方面，古代的工程师和建筑师们也发挥了高度的

山西五台山佛光寺正殿

察哈尔应县佛官寺木塔

创造性。在陵墓建筑、防御工程、桥梁工程和水利工程上都有伟大的创造。

著名的万里长城起伏蜿蜒在一千三百余公里的山脊上，北京的城墙和巍峨的城门楼是构成北京的整体的一个重要因素。它们不是没有生命的砖石堆，而是浑厚伟大的艺术杰作。在造桥方面，一千三百年前建造的河北省赵县的大石桥是用一个跨度约37.50公尺的券做成的"空撞券桥"。像那样在主券上用小券的无比聪明的办法，直到1912年才初次被欧洲人采用；而在那样早的年代里，竟有一位名叫李春的匠人给我们留下这样一件伟大壮丽的工程，足以证明在那时候以前，我国智慧的劳动人民的造桥经验，已经是多么丰富了。

今日在全国的土地上最常见的砖石建筑是全国无数的佛塔，其中很多是艺术杰作。河南省嵩山嵩岳寺的砖塔是我国佛教建筑中最古的文物，建于公元520年，也是国内现存最古的砖建筑。它只是简单地用砖砌成，只有极少的建筑装饰。只凭它十五层的叠涩檐和柔和的抛物线所形成的秀丽挺拔的轮廓，已足以使它成为最伟大的艺术品。在河北省涿县的双塔上，11世纪的建筑师却极其巧妙地用砖作表现了木构建筑的形式，外表与略早的佛宫寺木塔几乎完全一样。虽然如此，它们仍充分地表现了砖石结构浑厚的品质。

砖石建筑在华北和西北广泛地被采用着，它们都用筒形券的结构。当以砖石作为殿堂时，则按建筑物纪念性之轻重，适当地用砖石表现木结构的样式。许多所谓"无梁殿"的建筑，如山西太原永祚寺明末（1595年）的大雄宝殿都属于这一类。

河北赵县安济桥大石桥

河南登封县嵩岳寺砖塔

山西太原永祚寺大雄宝殿

检查我们过去的许多建筑物，我们注意到两种重要事实：一、无论是木结构或砖石结构，无论在各地方有多少不同的变化，中国建筑几千年来都保持着一致的、一贯的、明确的民族特性；二、我们古代的匠师们善于在自己的传统的基础上适当地吸收外来的影响，丰富了自己，但从来没有因此而丧失了自己的民族特性。千余年来分布全国的佛教建筑和回教建筑最清晰地证明了这一点。但是自从帝国主义以武力侵略我国，文化上和平而自然的交流被蛮横的武力所代替以来，情形就不同了。沿海岸和长江上的一些"通商口岸"被侵略者用他们带来的建筑形式生硬地移植到原来的环境中，对于我国城市的环境风格加以傲慢的鄙视和粗暴的破坏。学校里训练出来新型的知识分子的建筑师竟全部放弃中国建筑的传统，由思想到技术完完全全地模仿欧美的建筑体系，不折不扣地接受了欧美建筑传统，把它硬搬到祖国来。过去一世纪的中国建筑史正是中国近代被侵略史的另一悲惨的版本！

从清代末年到解放以前，有些建筑师只为少数地主、官僚、买办建造少数的公馆、洋行、公司，为没落的封建制度和半殖民地的政治经济服务。因为殖民地经济的可怜情况，建筑不但在结构和外表方面产生了许多丑恶类型，而且在材料方面，在平面的部署方面都堕落到最不幸的水平。建筑师们变成为帝国主义的经济、文化侵略服务。同时蔑视自己本国艺术遗产、优秀工匠和成熟而优越的技术传统。此后任何建筑作品都成了最不健康的殖民地文化的最明显的代表，反映着那时期的畸形的政治经济情况。到了解放的前夕，每一个爱国的建筑师越来越充满了痛苦而感到彷徨。

祖国的解放为我们全国建筑师带来了空前的大转变。我们不但忽然得到了设计成千上万的住宅、工厂、学校、医院、办公楼的机会，我们不但在一两年中所设计的房屋面积就可能超过过去半生所设计的房屋面积的总和乃至若干倍，最主要的是我们知道我们的服务对象不是别人，而是劳动人民。我们是为祖国的和平的社会主义事业而建设，也是为世界的和平建设的一部分而努力。我们集体工作的成果将是这新时代的和平民主精神的表现。我们的工作充满了重要意义，在今天，任何建筑师，无论在经济建设或文化建设中，都是最活跃的一员。我们为这光荣的任务感到兴奋和骄傲。但是我们也因此而感到还应当以更严肃的态度担负起这沉重的责任。

　　这许多重大的意义，建筑师们不是一下子就认识到的。由于过去的习惯，起初我们只见到因为建造的量的增加使我们得以"一显身手"的许多机会；但很快的一个严重的问题使我们思索了。这么大量的建造之出现将要改变祖国千百个城市的面貌。我们应该用什么材料、什么结构、什么形式来处理呢？这是需要认真地思虑的，是必须有正确领导的，是不能任其自流和盲目发展的。好在在这里，共同纲领的文化教育政策已给了我们一个行动指南。这就是毛主席所提出的新民主主义的文化教育政策。

　　遵照毛主席在《新民主主义论》中对于新文化的英明正确的分析，中国的新文化是"民族的。它是反对帝国主义压迫，主张中华民族的尊严和独立的。它是我们这个民族的，带有我们的民族特性"。因此新中国的建筑当然也"应有自己的形式，这就是民族形式。民族的形式，新民主主义的内容"。

中国的新建筑必须是"科学的。……主张实事求是，主张客观真理，主张理论与实践一致的""……是从古代的旧文化发展而来"的。新中国的建筑师"必须尊重自己的历史，决不能割断历史。……尊重历史的辩证法的发展，而不是颂古非今……不是要引导他们（人民群众）向后看，而是要引导他们向前看"。

这个新建筑"是大众的，因而即是民主的。它应为全民族中百分之九十以上的工农劳苦民众服务。……把提高和普及互相区别又互相联结起来"。

有了这样明确而英明的指示，建筑师们就应当认清方向，满怀信心，大踏步向前迈进。我们必须毫不犹疑地，无所留恋地抛弃那些资本主义的，割断历史的世界主义的各种流派建筑和各流派的理论；必须彻底批判"对世界文化遗产的虚无主义态度以及忽视民族艺术遗产的态度"（苏联建筑科学院院长莫尔德维诺夫语）。不可否认，目前首先急待解决的是广大劳动人民工作和居住所大量需要的房屋的问题；目前所要达到的量是要超过于质的。但是我们相信，普及会与提高"互相联结起来"的。毛主席告诉我们："随同经济建设高潮的到来，不可避免地将要出现一个文化建设的高潮。"新中国的建筑师们正在为伟大的和平建设努力。我们目前正在为大规模的经济建设贡献出一切力量，但同时也必须准备迎接文化建设的高潮。新的设计必须努力提高水平。研究、理解、爱好过去的本国建筑的热情必须培养起来。在中央文化部的领导下，整理艺术遗产的工作已在每日加强。在中央教育部的领导下，在培养下一代的建筑师的教学方针上，已采用了苏联的先进教学计划，在创造中注重民族传统已是一个首要的重点。

　　全国人民有理由向建筑师们要求，也有理由相信，在很短的期间内，在全国的一切建筑设计中，新中国的建筑必然要获得巨大的成就，建筑师们的设计标准必然会显著地提高，因为我们会再度找到自己的传统的艺术特征，用最新的技术和材料，发展出光辉的、"为中国人民所喜爱"的、不愧为毛泽东时代的中国的新建筑。那就是新民主主义的，亦即我们"民族的、大众的"建筑。

初刊于1952年9月16日《新观察》第16期，署名梁思成、林徽因。原标题为《祖国的建筑传统与当前的建设问题》。

具有伟大远见的建筑工程师

　　《最后的晚餐》和《蒙娜丽莎》，这两幅文艺复兴全盛时期的名画，是每一个艺术学生所认识的杰作，因此每一个艺术学生都熟识它们的作者——伟大的列奥纳多·达·芬奇的名字。他不但是杰出的艺术家，而且是杰出的科学家。

　　达·芬奇青年时期的环境是意大利手工业生产最旺盛、文化发达的佛罗伦萨，他居留过十余年的米兰是以制造钢铁器和丝织著名的工业大城。从早年起，对于任何工作，达·芬奇就是不断地在自然现象中寻找规律，要在实践中认识真理，提高人的力量来克服自然，使它为生活服务。他反对当时教会的迷信愚昧，也反对当时学究们的抽象空洞的推论。他认为"不从实验中产生的科学都是空的、错误的；实验是一切真实性的源泉"，并说："只会实行而没有科学的人，正如水手航海而没有舵和指南针一样。实践必须永远以健全的理论为基础。"他一生的工作都是依据了这样的见解而进行的。

　　关于达·芬奇在艺术和自然科学方面的贡献，已有很多专文，本文只着重介绍他在土木工程和建筑范围内所进行的活动和

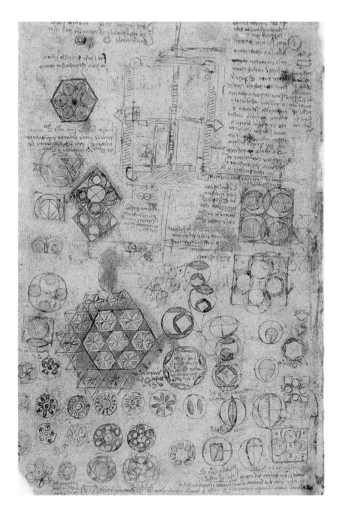

米兰焦维亚门城堡规划图 达·芬奇

所主张的方向。

在建筑方面，达·芬奇同他的前后时代大名鼎鼎的建筑师们是不相同的。虽然他的名字常同文艺复兴大建筑师们相提并论，但他并没有一个作品如教堂或大厦之类留存到今天（除却一处在法国布洛阿宫尚无法证实而非常独特的螺旋楼梯之外）。不但如此，研究他的史料的人都还知道他的许多设计，几乎每个都不曾被采用；而部分接受他的意见的工程，今天或已不存在或无确证可以证明哪一部分是曾用过他的设计或建议的。但是他在工程和建筑方面的实际影响又是不可否认的。在他同时代和较晚的纪录上，他的建筑师地位总是受到公认的。这问题在哪里呢？在于他的建筑上和工程上的见解，和他的其他许多贡献一样，远远地走在时代的前面。他的许多计划之所以不能实现，正是因为它们远远超过了那个时代的社会制度和意识，超过了当时意大利封建统治者的短视和自私自利的要求，为他们所不信任、所忽视或阻挠。当时的许多建筑设计，由指派建筑师到选择和决定，大都是操在封建贵族手中的。而在同行之间，由于达·芬奇参加监修许多的工程和竞选过设计，且做过无数草图和建议，他的杰出的理论和方法，独创的发明，就都有很大的影响。

达·芬奇是在画师门下学习绘画的，但当时的画师常擅长雕刻，并且或能刻石，或能铸铜，又常须同建筑师密切合作，自己多半也都是能作建筑设计的建筑师。他们都是一切能自己动手的匠师。在这样的时代里成长的达·芬奇，他的才艺的多面性本不足惊奇，可异的是在每一部分的工作中，他的深入的理解和全面性的发展都是他的后代在数十年乃至数世纪中，汇集了无数人的智慧才逐渐达到的。而他却早就有远见地、勇敢地摸索前进，不断地研究、尝试和计划过。

达·芬奇对建筑工程的理解是超过一般人局限于单座建筑物的形式部署和建造的。虽然在达·芬奇的时代，最主要建筑活动是设计穹隆顶的大教堂和公侯的府邸等，以艺术的布局和形式为重点，且以雕石、刻像的富丽装潢为主要工作；但达·芬奇所草拟过的建筑工程领域却远超过这个狭隘的范围。他除了参加竞赛设计过教堂建筑，如米兰和帕维亚大教堂、佛罗伦萨的圣罗伦索的立面等，监修过米兰的堡垒和公爵府内部，设计并负责修造过小纪念室和避暑庄园中小亭子之外，他所自动提出的建筑设计的范围极广，种类很多，且主要都是以改善生活为目标的。例如他尽心地设计改善卫生的公厕和马厩；设计并详尽地绘制了后来在荷兰才普遍的水力风车的碾房的图样；他建议设计大量标准工人住宅；他做了一个志在消除拥挤和不卫生环境的庞大的米兰城改建的计划；他曾设计并监修过好几处的水利工程、灌溉水道，最重要的，如佛罗伦萨和比萨之间的运河。他为阿尔诺河绘制过美丽而详细的地图，建议控制河的上下游，以便允许多可以利用水力作为发动力的工业；他充满信心地认为这是可以同时繁荣沿河几个城市的计划。这个策划正是今天最进步的计划经济中的"区域计划"的先声。

都市计划和区域计划都是达·芬奇去世四百多年以后，20世纪的人们才提出解决的建筑问题。他的计划就是在现在也只有在先进的社会主义国家里才有力量认真实行和发展的。在15、16世纪的年代里，他的一切建筑工程计划或不被采用，或因得不到足够和普遍的支持而半途而废，这是可以理解的。但达·芬奇一生并不因计划受挫或没有实行，失掉追求真理和不断作理智策划的勇气。直到他的晚年，在逝世以前，他在法国还做了鲁尔河和宋河间运河的计划，且目的在灌溉、航运、水力三方面的利益。对于改造自然，和平建设，他是具有无比信心的。

达·芬奇的都市计划的内容中，项目和方向都是正确的，它是由实际出发，解决最基本的问题的。虽受当时的社会制度和条件的限制，但主要是要消除城市的拥挤所造成的疾病、不卫生、不安宁和不愉快的环境。公元1484年至1486年间米兰鼠疫猖狂的教训，使他草拟了他的改建米兰的计划。达·芬奇大胆地将米兰分划为若干区，为减少人口的密度，喧哗嘈杂、疾病的传播、恶劣的气味，和其他不卫生情形，他建议建造十个城区，每城区房屋五千，人口三万。他建议把城市建置在河岸或海边，以便设置排泄污水垃圾的暗沟系统，利用流水冲洗一切脏垢到河内。他建议设置街巷上的排水明沟和暗沟衔接，以免积存雨水和污物；建造规格化的工人住宅，建造公厕，改革市民的不卫生的习惯，注意烟囱的构造，将烟和臭气驱逐出城；且为保证市内空气和阳光，街道的宽度和房屋的高度要有一定的比例。在15世纪、16世纪间，都市建设的重点在防御工程，城市的本身往往被视为次要的附属品，达·芬奇生在意大利各城市时常受到统治者之间争夺战威胁的时代，他的职务很多次都是监修堡垒，加固防御工程，但他所关心的却是城市本身和居民的生活。但当时愚昧自私的卢多维柯是充耳不闻，无心接受这种建议的。

对于建筑工业的发展方向，达·芬奇也有预见。近代的"预制房屋"，他就曾做过类似的建议。当他在法国乡镇的时候，木材是那里主要的建筑材料，因为是夏天行宫所在，有大量房屋的需要，他曾建议建造可移动的房屋，各部分先在城市作坊中预制，可以运至任何地点随时很快地制置起来。

达·芬奇的"区域计划"的例子，是修建佛罗伦萨和比萨之间的运河。他估计到这个水利工程可以繁荣那一带好几个城镇，如普拉图、皮斯托亚、比萨、佛罗伦萨本身，乃至于卢卡。他相信那是可以促进许多工业生产的措施，因此他不但向地方行政负责方面建议，同时他也劝告工商行会给予支持。尤其是毛织业行会，它是佛罗伦萨最主要工业之一。达·芬奇认为还有许许多多手工业作坊都可以沿河建置，以利用水的动力，如碾坊、丝织业作坊、窑业作坊、镕铁、磨刀、做纸等作坊。他还特别提到纺丝可以给上百的女工以职业。用他自己的话说："如果我们能控制阿尔诺河的上下游，每个人，如果他要的话，在每一公顷的土地上都可以得到珍宝。"他曾因运河中段地区有一处地势高起，设计过在不同高度的水平上航行的工程计划。16世纪的传记家伐莎利说，达·芬奇每天都在制图或做模型，说明如何才可以容易地移山开河！这正说明这位天才工程师是如何的确信人的力量能克服自然而为更美好的生活服务。这就是我们争取和平的人们要向他学习的精神。

此外，达·芬奇对个别建筑工程见解的正确性也应该充分提到。他在建筑的体形组织的艺术性风格之外，还有意识地着重建筑工程上的两个要素。一是工具效率对于完善工程的重要；二是建筑的坚固和康健必须依赖自然科学知识的充实。这是多么正确和进步的见解。关于工具的重视，例如他在米兰的初期，正在作斯佛尔查铜像时，每日可以在楼上望见正在建造而永远无法完工的米兰大教堂，他注意到工人搬移石像、起运石柱的费力，也注意到他们木工用具效率之低，于是时常在他手稿上设计许多工具的图样，如掘地基和起石头的器具，铲子、锥子、搬土的手推车等等。十多年后，当他监修运河工程时，他观察到工人每挖一铲土所需要的动作次数，计算每工两天所能挖的土方。他自己设计了一种用牛力的挖土升降机，计算它每日上下次数和人工做了比较。这种以精确数字计算效率是到了近代才应用的方法，当时达·芬奇却已了解它在工程中的重要了。

关于工程和建筑的关系，他对于建筑工程的看法可以从他给米兰大教堂负责人的信中一段来代表他的见解。信中说："就如同医生和护士需要知道人和生命和健康的性质，知道各种因素之平衡与和谐保持了人和生命和健康，或是各种因素之不和谐危害并毁灭它们一样……同样的，这个有病的教堂也需要这一切，它需要一个'医生建筑师'，他懂得一个建筑物的性质，懂得正确建造方法所须遵守的法则，以及这些法则的来源与类别，和使一座建筑物存在并能永久的原因。"他是这样的重视"医生建筑师"，而所谓"医生建筑师"的任务则是他那不倦地追求自然规律的精神。

在建筑的艺术作风方面，达·芬奇在哥特建筑末期，古典建筑重新被发现被采用的时代，很自然地把哥特结构的基础和古典风格相结合。他的作风因此非常近似于拜占庭式的特征——那个古典建筑和穹隆顶结合所产生的格式，以小型的穹隆顶衬托中心特大的穹隆圆顶。在豪放和装饰性方面，达·芬奇所倾向的风格都不是古罗马所曾有，也不同于后来文艺复兴的典型作风。例如

达·芬奇建筑设计手稿

他在米兰教堂和帕维亚教堂的设计中所拟的许多稿图，把各种可能的结合和变化都尝试了。他强调正十字形的平面，所谓"希腊十字形"，而避免前部较长的"拉丁十字形"的平面。他明白正十字形平面更适合于穹隆顶的应用，无论从任何一面都可以瞻望教堂全部的完整性，不致被较长的一部所破坏。今天罗马圣彼得教堂就是因前部的过分扩充而受到损失的。达·芬奇在教堂设计的风格上，显示出他对体形组织也是极端敏感并追求完美的。至于他的幻想力的充沛，对结构原理的谙熟，就表现在戏剧布景、庆贺的会场布置和庭园部署等方面。他所做过的卓越的设计，许多曾是他所独创，而且是引导出后代设计的新发展。如果在法国布洛阿宫中的螺旋楼梯确是他所设计，我们更可以看出他对于螺旋结构的兴趣和他的特殊的作风；但因证据不足，我们不能这样断定。他在当时就设计过一个铁桥，而铁桥是到了18世纪末叶在英国才初次出现。凡此种种都说明他是一个建筑和工程的天才、建筑工程界的先进的巨人。

和他的许多方面一样，达·芬奇在建筑工程的领域中，有着极广的知识和独到的才能。不断观察自然、克服自然、永有创造的信心，是他一贯的精神。他的理想和工作是人类文化的宝藏。这也就足以说明为什么在今天争取和平的世界里，我们要热烈地纪念他。

初刊于1952年5月3日《人民日报》，署名梁思成、林徽因。

设计她说

国徽方案设计

　　拟制国徽图案以一个璧（或瑗）为主体：以国名、五星、齿轮、嘉禾为主要题材；以红绶穿瑗的结衬托而成图案的整体。也可以说，上部的璧及璧上的文字，中心的金星齿轮，组织略成汉镜的样式，旁用嘉禾环抱，下面以红色组绶穿瑗为结束。颜色用金、玉、红三色。

　　璧是我国古代最隆重的礼品。《周礼》："以苍璧礼天。"《说文》："瑗，大孔璧。"这个璧是大孔的，所以也可以说是一个瑗。《荀子·大略篇》说："召人以瑗。"瑗召全国人民，象征统一。璧或瑗都是玉制的，玉性温和，象征和平。璧上浅雕卷草花纹为地，是采用唐代卷草的样式。国名字体用汉八分书，金色。

　　大小五颗金星是采用国旗上的五星，金色齿轮代表工，金色嘉禾代表农。这三种母题都是中国传统艺术里所未有的。不过汉镜中有（齿）形的弧纹，与齿纹略似，所以作为齿轮，用在相同的地位上。汉镜中心常有四瓣的钮，本图案则作成五角的大星；汉镜上常用小粒的"乳"，小五角星也是"乳"的变形。全部作

1949 年 10 月，林徽因等设计的中华人民共和国国徽方案

成镜形，以象征光明。嘉禾抱着璧的两侧，缀以红绶。红色象征革命。红绶穿过小瑗的孔成一个结，象征革命人民的大团结。红绶和绶结所采用的褶皱样式是南北朝造像上所常见的风格，不是西洋系统的缎带结之类。设计人在本图案里尽量地采用了中国数千年艺术的传统，以表现我们的民族文化；同时努力将象征新民主主义中国政权的新母题配合，求其由古代传统的基础上发展出新的图案；颜色仅用金、玉、红三色；目的在求其形成一个庄严典雅而不浮夸不艳俗的图案，以表示中国新旧文化之继续与调和，是否差强达到这目的，是要请求指示批评的。

这个图案无论用彩色、单色，或做成浮雕，都是适用的。

这只是一幅草图，若蒙核准采纳，当即绘成放大的准确详细的正式彩色图、墨线详图和一个浮雕模型呈阅。

集体设计

林徽因　雕饰学教授，做中国建筑的研究
莫宗江　雕饰学教授，做中国建筑的研究

参加技术意见者

邓以蛰　中国美术史教授

王　逊　工艺史教授

高　庄　雕塑教授

梁思成　中国雕塑史教授，做中国建筑的研究

1949年10月23日。据中央档案馆所存原件刊印，原标题为《拟制国徽图案说明》。

景泰蓝新图样设计

一　我们如何接受了新图样设计工作

　　北京特种工艺（包括景泰蓝、烤瓷、雕漆、挑补花、地毯、象牙玉石雕刻、绒绢纸花、料器等十余种行业）在过去一向是受压迫行业的艺术。在经济上先是仰赖封建阶级的"恩赐"，后来则在商人、买办和帝国主义"洋商"的剥削下，勉强维持。作为一种艺术活动，它们也是被压迫的、受尽屈辱的。这主要表现在图样方面的循规蹈矩，师守成法，偏向无原则的烦琐工巧。——工匠师傅们虽然尽了最大努力制作出一些高度精致工细的作品，但是他们没有能够发挥出他们真正的创造力。

　　北京特种工艺风格烦琐呆板的原因是北京特种工艺在清朝时代是用来装点少数封建贵族的生活的，是为了迎合日趋没落的封建贵族的堕落思想和感情来制作的。在帝国主义侵入中国以后，北京特种工艺被帝国主义的殖民者喜爱。他们把中国看作不文明、稀奇古怪。他们也就把北京特种工艺当作不文明和稀奇古怪的代表，并且更进一步鼓励往稀奇古怪的方向发展。这样也就使北京特种手工艺更脱离了人民和我国原有的健康传统，主要地变成了外销商品。

仰赖外销，经济上的不能自主是随着北京特种工艺的堕落的宫廷风格而来的，而又成为北京特种工艺品质低落的原因。

这种情况到北京解放以后开始有了本质上的变化。在去年六月公营北京特种工艺公司成立以后，这个变化已经非常具体了。去年下半年抗美援朝运动开始了，更针对美帝的封锁，展开了对美帝的经济斗争，直到今天，北京特种工艺在各级政府的领导下，尤其在北京特种工艺公司的具体领导下，已经完全走上了自主地发展的道路。

新图样设计的目的，是为了配合全面地争取自主地发展的工作。所以新图样设计工作的中心任务就是同封建主义的、帝国主义的、买办的残余影响、不良作风进行斗争。

去年六月，北京特种工艺公司初成立时，同清华大学营建系服务部研讨了新图样设计和改良图案的问题。清华同仁也愿意把过去曾进行过的景泰蓝新图样设计的尝试性的工作，变成一件正式的有组织有计划的工作，所以便接受了公司的委托。在过去这一年的工作中，我们深深体验到，如果没有北京特种工艺公司的领导，不同公司领导的其他方面的工作，尤其是经济上的翻身运动结合起来，新图样设计的展开是不可能的；不同全国整个政治形势、经济形势的发展配合起来，新图样设计工作的展开更是不可能的。

二 我们如何进行新图样设计工作

我们的设计总的方向是为了产生新中国的新的人民工艺而努

力。这个新的人民工艺必须是民族的、科学的、大众的。

所谓民族的就是要表现出我们民族风格的伟大的、丰富的内容。旧日景泰蓝中有模仿日本七宝烧的。例如装饰杂花的萝卜瓶，花纹胎形和色彩都是日本作风。这是我们坚决反对的。我们还反对，例如象牙雕刻中的半裸体美人，或林黛玉式的病美人，那是低级的庸俗的。我们还反对一向因袭保守清代末年西太后时代的烦琐杂乱，病弱无力的古怪作风。因为那不是我们民族传统中好的一部分，那不是我们的优良传统。我们要求承继优良的传统，而且不只是承继，我们还要求发展出新的民族工艺。它们必须是民族的，而更重要的是它们必须是今天的。

所谓科学的至少包括两点：（一）新图样的设计必须从技术和材料出发。设计一定要充分利用技术和材料上的特长方便，一定要避重就轻，使一定的技术和材料在它的限制之内充分发挥它的长处回避了它的短处，这样才能使设计出来的东西可以省工省料。（二）设计的东西要合于使用，便于使用，并且牢固耐久。反对过去有闲者嗜好的单纯小摆设。

所谓大众的就是我们必须照顾到大众的购买力。从简化图案和尽量利用制造时避重就轻的办法，求其省工省料。当然，工厂中能同时改进技术和改善经营方式，使成本降低那就更好了。设计小件的器皿也是适应大众购买力的一种办法。此外，工艺品有实用价值时，购买的兴趣也可以提高的。大众化的另一个主要问题是如何适应群众的喜好，这个问题也就是如何向群众学习、了解群众的爱好习惯。设计不能完全从个人出发，但是也不能成为群众的尾巴，例如七宝烧作风的景泰蓝和象牙雕刻的半裸体美人等即使有销路也是错误的。

以上所说是我们工作总的方向。概括地说便是我们设计的目标，是产生好看、好用、省工、省料的工艺品。

我们实际工作时就是基于这些原则，从以下三方面进行景泰蓝的设计的。

（ ）我们对于景泰蓝的制作技术和釉料性质本来一无所知。我们的设计过程就成为我们的学习过程。过去指导我们最多的是作坊中一些老师傅们。现在公司正式成立了实验工厂使我们有了更好的学习机会。一些有关技术和材料的初步的基本的常识我们已经摸着了一点门路。

（二）为了适于实用，为了适应一般市场购买力，我们尽量设计小件而有用的东西。但是景泰蓝因材料的限制，实用的范围较狭。铜胎不宜于装水，甚至作为可能被溅上水的器物也不合适。所以花瓶、饮食用具都是不可能尝试的。结果我们所设计的大都是台灯和烟具。但是我们也发现有一种很简单的东西在使用上是变化多端的，就是有盖的小罐和小盒。罐盒之类可以用来装纽扣、针线、邮票、糖果、首饰等等，是一种能够适应多种不同场合、不同生活的方便的容器。我们时时刻刻在思索着扩大景泰蓝的使用范围。将来在制作技术上，在原料获得改善时，这个问题当比较容易解决。至于在目前，客观事实既然限制着我们，那么在一定的客观限制之下尽量采取解决问题的方法正是设计者的主要任务之一。

最近我们也曾设计了几件装饰性的大件东西。那是为了公司参加各地展览会，以便有效地介绍北京特种工艺。此外更因为我们时常有国际性的友谊馈赠，也需要一些比较庄重富丽的大件。所以今春以来，我们偏重于设计一尺左右的大件。

（三）关于新图样设计最使朋友们关心的问题便是花纹图样和美的表现的处理问题。在这一问题上我们必须说明七点：

1.新图样设计并不是设计花纹。—— 一件好看的东西，除了花纹好看以外，还要形体好看、颜色好看，而且要三者配合得好看。新图样设计必须同时包括这三个因素，要把三个因素联系在一起考虑才能进行设计。新图样设计绝不是仅只拟出了一种新颖的花纹。花纹不是一个虚空的花纹，它必须附着在一定的形体上，和这个形体产生不可分的有机关系。它必须具有一定的色彩的光泽。色彩光泽是花纹的具体的形象上的内容。我们要求三者：花纹、形体、颜色的统一的效果。所以把同一花纹随意变换它的颜色，或者随意搬家，从瓶子上搬到碟子上，而不经过慎重的考虑，都是不妥当的。

2.花纹形体和颜色统一的一致的效果。——我们要求一件器物，一眼望过去就产生单纯的、完整的、明朗的印象。与单纯、完整、明朗的效果相反的便是我们在前面所说过的清代末年以来的旧作风。旧作风的景泰蓝，形体是病态的、软弱无力的，甚至畸形的、稀奇古怪的。花纹是烦琐的、零碎的，颜色是五颜六色的、杂乱无章的。三者在一起既不统一，也不完整，而是互相扰乱。

3.新图样设计中花纹是最次要的考虑。——我们的设计在形体的决定上选择一些健康、挺拔、有生气、有气概的形体。颜色方面时常利用鲜明的对比色或近似的接近色。花纹只是界割颜色、分布颜色，陪衬着形体、呼应着形体、加强形体的装饰性的手段。所以我们的设计往往是以形体为第一位的、首要的、有决定性的因素加以考虑的，其次是颜色，最后才是花纹。

4.新图样设计反对花纹的烦琐零碎，并不笼统地反对丝工的精细。——对于旧作风的景泰蓝，有人往往只注意到花纹的烦琐零碎，而赞美其精致工细。这是片面的看法。精致工细，单纯从技术上看，我们工匠师傅的技术水平是达到了惊人的高度。但是做得细致并不等于好看，就如涂脂抹粉、描眉勾鬓的并不一定就是美人。一件非常丑怪的东西可以做得非常细致。而且往往过分地装扮恰恰就变成了丑怪。盲目地追求精致工细是没有意义的，而且是一种浪费。而且这正是过去封建统治者扼杀我们创造力、压迫我们、窒息我们的发展的手段。以无限制的浪费人工材料为美的标准是腐朽的残暴的封建主义的特征之一。

我们并不一般地、笼统地反对做工的讲究，尤其是丝工的讲究。而且相反，我们要求，绝对要求做工的准确、认真、严格、一丝不苟。我们反对产生烦琐零碎效果的精致工细，并不是主张偷工减料的粗糙马虎。

过去的景泰蓝，例如大家一向推崇的乾隆时代的景泰蓝，是只宜于近看的，因为唯有拿在手中仔细端详才能看出做工的精细。但在配色上，不调和的居绝大一部分。做工的精细是景泰蓝唯一可以值得欣赏的。但是今天，虽然我们也要求新的景泰蓝仍是可以近看的，近看仍可欣赏其做工的严谨准确，但是做工的严谨准确不必是细碎烦琐的。而同时，更重要的是必须也宜于远看。不必拿在手中，远远摆在桌上就非常触目，引人注意。这样就必须要使它产生单纯完整明朗的印象，如前面第二点所说的。

5.在我们的设计中，若单纯就花纹来说，我们会尽量利用古代花纹图案的精华。把古代工艺家的杰作作为我们组织花纹的借鉴。在选择了一种古代花纹的时候，我们先进行分析研究，总结出它的规律。根据它特有的规律，例如虚实相间的规律、疏密对比的规律、曲线重复应用的规律等，然后把它重新组织到一个新的形体上去，给它一个新的安排。通过今天景泰蓝的材料与新技术，让古代工艺的精美成就重新再出现一次。大家看了今天的景泰蓝还能联想到，认识到我们的老祖先的创造力的杰出的智慧。这不是单纯的仿古，因为它们是重新组织过了，并且充分发挥着景泰蓝材料和技术的特有性能。

在景泰蓝的新图样设计中，我们是做着各式各样的试验。最初我们主要地借鉴于古代铜器花纹。因为我们对于景泰蓝最初只认识到它的庄重端丽，风格上和铜器相似。经过一年来的试验，我们发现景泰蓝的表现能力很强。它可以表现出很多种其他的材料所能表现出的风格。景泰蓝能产生古玉的温润的、半透明的效果，也能够有宋瓷的自然活泼，锦缎的富丽，甚至京剧的面谱也给我们以启发。我们曾利用过建筑彩画的手法，战国金银错的手法、唐宋以来乌木或黑漆镶嵌的手法。尤其今春，敦煌文物展览开幕以来，敦煌艺术宝库的丰富内容更供给我们大批材料。结合着这个展览，结合着爱国主义教育，同时为了推动借鉴古人以创造新艺术的运动，我们吸收敦煌图案来设计了景泰蓝，并且也试验带画烧瓷，使烧瓷也表现活泼生动的新风格。

6.因为我们的试验是各种各样的，所以设计出来的东西的风

林徽因指导常沙娜设计的景泰蓝罐

林徽因指导常沙娜设计的景泰蓝盘

格也是各式各样的。尽管还不够多，而已经有了变化过多的感觉。然而这正是我们的目的。我们的目的就是多样和变化，以尝试着开辟新的道路。我们要求新，然而不离开传统的基础。我们需要从传统出发，然而我们不做死板的抄袭和机械的模仿。完全的新创或完全是机械的抄袭模仿都不能解决今天新工艺的问题。

7.景泰蓝的新图样设计到今天还说不上有什么成绩。但是已经起了一些作用。

在消极方面，新图样的出现消灭了许多顾虑。例如顾虑没有人要，顾虑会增加成本等，现在大体上已经不存在了。

在积极方面，第一，起了教育作用，有人认为中国花纹只有龙和凤。有一位眼光狭隘的领导干部在北京特种工艺公司参观，竟认为新图样的景泰蓝不是中国花纹。那么，这些景泰蓝，恰可以扩大一部分人的眼界，进行了爱国主义的教育。第二，新图样的景泰蓝已经带动了工厂作坊中的工匠师傅。他们不仅要求供给新图样，在仿制新图样，而且也在创造新图样。这个现象是值得欢迎的，掌握了技术的师傅们积极起来为景泰蓝的新生命而努力，制作和设计的密切结合是中国工艺的优良传统，也是将来新工艺发展的必然的途径。

三　我们工作的检讨

我们工作的方针和经过大致如上所说。这些方针中间也许还存在着许多问题，甚至可能有不正确的地方。同时我们所设计出来的东西还存着许多缺点。失败的，考虑得不够成熟的，违反我们自己所提出的方针原则的，都有一些例子。（中略）我们诚恳地希望大家多提意见，帮助我们改进。并且今后大家一齐团结在北京特种工艺公司周围，共同为开展新图样设计工作而奋斗，为发展新中国的新的人民工艺而奋斗。

刊于1951年8月13日北京《光明日报》，系清华大学营建系于1951年5月19日在北京特种工艺专业会议上报告的摘要。原署名"清华大学营建系"。据清华大学楼庆西教授考订，著者为林徽因。原标题为《景泰蓝新图样设计工作一年总结》。

和平礼物设计

在北京举行的亚洲及太平洋区域和平会议的繁重而又细致的筹备工作中，活跃着一个小小部分，那就是在准备着中国人民献给和平代表们的礼物，作为代表们回国以后的纪念品。

经过艺术工作者们热烈的讨论、设计和选择，决定了四大种类礼物：

第一类是专为这次会议而设计的特别的纪念物两种：一是华丽而轻柔的丝质彩印头巾；二是充满节日气氛的刺绣和"平金"的女子坎肩。这两种礼物都有象征和平的图案，都是以飞翔的和平白鸽为主题；图案富于东方格调，色彩鲜明，极为别致。

第二类是地道的中国手工艺品，是出产在北京的几种特种手工艺品，如景泰蓝、镶嵌漆器、"花丝"银饰物、细工绝技的象牙刻字和挑花手绢等。

还有两类：一是各种精印画册；二是文学创作中的名著。画册包括年画集、民间剪纸窗花、敦煌古代壁画的复制画册和老画家与新画家的创作选集等。文学名著包括获得斯大林奖金的三部荣誉作品。

这些礼物中每一件都渗透和充满着中国人民对和平的真挚的愿望。由巨大丰富的画册，到小巧玲珑的银丝的和平鸽子胸针，到必须用放大镜照着看的象牙米粒雕刻的毕加索的和平鸽子，和鸽子四周的四国文字的"和平"字样，无一不是一种和平的呼声。这呼声似乎在说："和平代表们珍重，珍重，纪念着你们这次团结争取和平的光荣会议，继续奋斗吧。不要忘记正在和平建设、拯救亚洲和世界和平的中国人民。看，我们辛勤劳动的一双双的手是永远愿为和平美好的生活服务的。不论我们是用笔墨写出的、颜色画出的、刀子刻出的、针线绣出的，或是用各种工艺材料制造的，它们都说明一个愿望：我们需要和平。代表们，把我们五亿人民保卫和平的意志传达给亚洲及太平洋各岸的你们祖国里的人民吧。"

我们选定了北京的手工艺品作为礼品的一部分，也是有原因的。中国工艺的卓越的"功夫"，在世界上古今著名，但这还不是我们选择它的主要原因。我们选择它是因为解放以后，我们新图案设计的兴起，代表了我们新社会在艺术方面一股新生的力量。它在工艺方面正是剔除封建糟粕、恢复民族传统的一支文化生力军。这些似乎平凡的工艺品，每件都确是既代表我们的艺术传统，又代表我们蓬勃气象的创作。我们有很好的理由拿它们来送给为和平而奋斗的代表们。

这些礼品中的景泰蓝图案，有出自汉代刻玉纹样、有出自敦煌北魏藻井和隋唐边饰图案，也有出自宋锦草纹，明清彩瓷的。但这些都是经过融会贯通，要求达到体型和图案的统一。在体型方面，我们着重轮廓线的柔和优美和实用方面相结合，如台灯、如小圆盒都是经过用心处理的。在色彩方面，我们要对比活泼而设色调和，要取得华贵而安静的总效果，向敦煌传统看齐的。这些都是一反过去封建没落时期的烦琐、堆砌、不健康的工艺作风的。所以这些也说明了我们是努力发扬祖国艺术的幸福人民。我们渴望的就是和平的世界。

在景泰蓝制作期间，工人同志们的生产态度更说明了这问题。当他们知道了他们所承担的工作跟和平有关时，他们的情绪是那么高涨，他们以高度的热诚来对待他们手中那一系列繁重的掐丝、点蓝和打磨的工作。过去"慢工出细活"的思想，完全被"找窍门"的热情所代替。他们不断地缩短制作过程，又自动地加班和缩短午后的休息时间，提早完成了任务。在瑞华等五个独立作坊中，由于工人们工作的积极和认真，使珐琅质地特别匀净，图案的线纹和颜色都非常准确。工人们说："我们的生活一天比一天美满，我们要保证我们的和平幸福生活，承制和平礼品是我们最光荣的任务。"当和平宾馆的工人们在一层楼一层楼地建筑上去的时候，这边景泰蓝的工人们也正在一个盒子、一个烟碟上点着珐琅或脚蹬转轮，目不转睛地打磨着台灯座，心里也只有一个念头："是的，我们要过和平的日子。这些美丽的纪念品，无论它们是银丝胸针，还是螺钿漆盒；上面是安静的莲花，还是飞舞的鸽子；它们都是在这种酷爱和平的情绪下完成的。它们是'不简单'的；这些中国劳动人民所积累的智慧的结晶，今天为全世界人民光明的目的——和平而服务了。"

礼品中还应该特别详细介绍的是丝质彩印头巾的图案和刺绣坎肩的制作过程。

头巾的图案本身，就有重要的历史意义。这个彩色图案是由敦煌千佛洞内，北魏时代天花板上取来应用的。我们对它的内容只加以简单的变革，将内心主题改为和平鸽子后，它就完全适合于我们这次的特殊用途了。有意义的是：它上面的花纹就是一千多年前，亚洲几个民族在文化艺术上和平交流的记录；西周北魏的"忍冬叶"草纹就是古代西域伊兰语系民族送给我们的——来自中亚细亚的影响。中间的大莲花是我们邻邦印度民族在艺术图案上宝贵的赠礼。莲瓣花纹今天在我国的雕刻图案中已极普遍地应用着，我们的亚洲国家的代表们一定都会认出它们的来历的。这些花样里还有来自更遥远的希腊的，它们是通过波斯（伊朗）和印度的健驮罗而来到我国的。

这个图案在颜色上比如土黄、石绿、赭红和浅灰蓝等美妙的配合，也是受过许多外来影响之后，才在中国生根的。以这个图案作为保卫亚洲和世界和平的纪念物是再巧妙、再适当没有的。三位女青年工作同志赶完了这个细致的图样之后，兴奋得说不出话来。她们曾愉快地做过许多临摹工作，但这次向着这样共荣的目的赶任务，使她们感到像做了和平战士一样的骄傲。

在刺绣坎肩制作过程中，由镶边到配色都是工人和艺术工作者集体创造的纪录。永合成衣铺内，两位女工同志和四位男工同志，都是热情高涨地用尽一切力量，为和平礼品工作。他们用套裁方法，节省下材料，增产了8件成品。在20天的工作中，他们每天都是由早晨七点工作至夜深十二点。只有一次因为等衣料，工作中断过两小时。参加这次工作的刺绣业工作者共有17家独立生产户，原来每日10小时的工作都增至14至16小时，共完成了

林徽因指导常沙娜、钱美华、孙君莲设计的丝头巾

216只鸽子。绣工和金线平金都做得非常整齐。这108件坎肩因不同绣边、不同颜色的处理，每一件都不同而又都够得上称为一件优秀的艺术品。三年来我们欢庆节日正要求有像这一类美丽服装的点缀，青年男女披上金绣彩边的坎肩会特别显出东方民族的色彩。但更有意思的是世界上许多国家的男女都用绣花坎肩，如西班牙、匈牙利与罗马尼亚等；此外在我国的西南与西北，男子们也常穿革制背心，上面也有图案。

　　和平战士们，请接受这份小小的和平礼品吧，这是中国劳动人民送给你们的一点小小的纪念品。

初刊于1952年10月15日《新观察》第11期，署名林徽因。原标题为《和平礼物》。

舞台布景设计

自从小剧院公演《软体动物》以来，剧刊上关于排演这剧的文章已有好几篇，一个没有看到这场公演的人读到这些文章，所得的印象是：（一）赵元任先生的译本大成功；（二）公演的总成绩极好，大受欢迎；（三）演员表演成绩极优，观众异常满意；（四）设计或是布景不满人望，受了指摘；（五）设计和幕后有许多困难处，所以布景（根据批评人）"凑合敷衍"一点，（根据批评人）"处处很将就些"了。

公平说，凡做一桩事没有不遇困难的。我们几乎可以说：事的本身就是种种困难的综合，而我们所以用以对付、解决这些困难的，便是"方法""技巧"和"艺术创作"。排演一场戏和做一切别的事情一样，定有许多困难的，对待这困难，而完成这个戏的排演，便是演戏者的目的。排演一个规模极大的营业性质的戏，和排演一个"爱美""小剧院公演"的戏，都有它的不同的困难。各有各的困难，所以各有各的对待方法、技巧和艺术。可是无论规模大小的戏，它们的目标，（有一个至少）是相同的。这目标，不说是"要观众看了满意"，因为这话说出来许要惹祸的，

176

多少艺术家是讲究表达他的最高理想，不肯讲迎合观众的话。所以换过来说，这目标，是要表达他的理想到最高程度为止，尽心竭力来解决、对待，凡因这演剧所发生的种种困难，到最圆满的程度为止，然后拿出来贡献给观众评阅鉴赏，这话许不会错的。

观众的评判是对着排演者拿出来的成绩下的，排演中间所经过的困难苦处，他们是看不见的，也便不原谅的（除非明显的限制阻碍如地点和剧团之大小贫富）。一方面，凡去看"爱美"剧社或"小剧院"等组织演剧的人，不该期待极周全奢丽的设计、张罗，这是不用说的。另一方面，演者无论是多少、经费多窘的、小团体还是小剧院，都不该以为幕后有种种困难苦处为充分理由，可以"处处将就""敷衍"。并且除非有不得已的地方，决不要向观众要求原谅或同情。道理是：成绩上既有了失败，要求原谅和同情定不会有补助于这已有失败点的成绩的。假如演戏演到一半台上倒下一面布景，如果倒的原因是极意外的不幸，那么自然要向观众声明的，如果那是某助手那一天起晚了没有买到钉子只用了绳子，而这绳子又不甚结实的话，这幕后的困难便不成立。讲到幕后，那是无论哪一个幕后都是困难到万分的，拿一方戏台来做种种人生缩影的背景，不管这个戏台比那一个大多少，设备好多少，那也不过百步五十步之比，问题是一样会有的。用几个人来管许多零零碎碎的物件，一会儿搬上一会儿搬下，一定是麻烦的。

余上沅先生在他《软体动物》的舞台设计一篇文章和陈治策先生幕后里都重复提到他们最大的苦处"借"的问题。设计人件件东西不够，要到各处"借"，是件苦痛事情！那是不可否认的，但是谈到"布景艺术是个'借'的艺术"，这个恐怕不只中国现在如此，或者他们小剧院这次如此，实在可以说到处都是如此，不过程度有些高下罢了。所谓"道具"虽然有许多阔绰的剧院常常自制，而租（即花费的借）、买、借的时候却要占多数。试想戏剧是人生的缩影，时代、地点、种族、社会阶级之种种不同，哪有一个戏剧有偌大宝库里面万物尽有的储起来待用？哪一个戏剧愿意如此浪费，每次演戏用的特别东西都去购置起来堆着？结果是每次所用"道具"凡是可以租借的便当然租去。租与借的分别是很少的，在精力方面，一样是去物色、商量、接洽等麻烦。除却有几个大城有专"租道具"的地方，恐怕世界上哪一个地方演戏，后台设计布景的人都少不了要跑腿到硬化或软化了的，我记在耶鲁大学戏院的时候我帮布景，一幕美国中部一个老式家庭的客厅，有一个"三角架"，我和另一个朋友足足走了三天，足迹遍布纽海芬（编者注：今译为纽黑文）全城，询问多家木器铺的老板，但是每次老板都笑半天，说现在哪里还有地方找这样一件东西！（虽然在中国"三角架"——英文原名"What-not"——还是一件极通行的东西。）耶鲁是个经济特别宽裕的剧院，每次演的戏也都是些人生缩影，并不神奇古怪，可是哪一次布景，我们少得了跑腿去东求西借的。戏院主任贝克老头儿，每次公演完登台就对观众来一个绝妙要求：便是要东西。东西中最需要的？鞋！因为外国鞋的式样最易更改戏的时代，又常常是十年前、五十年前这种不够古代的古装，零碎的服饰道具真难死人了。这个小节妙在如果全对了，观众里几乎没有人注意到的，可是你一错，那就有了热闹了！所以我以为小剧院诸位朋友不应该太心焦，以为"借"东西是你们特有的痛苦。

1927 年，林徽因在耶鲁大学学习期间设计的舞台布景照

陈治策先生又讲到另几种苦处，但是归纳起来似乎都在东西不齐全和"乱七八糟"，还有时间似乎欠点从容。戏台设计在戏剧艺术中占极重要的地位的，导演人次之，权威最大的便是"设计图稿"。排演规矩，为减少许多纠纷，图样一经审定（导演人和设计人磋商之后），便是绝对标准。各方面（指配光、服装、道具、着色、构造各组）在可能范围内要绝对服从的。那么所有困难设计师得比别人先知道，顺着事势，在经费舞台以及各种的限制内，设计可以实现的最圆满布置法，关于形式色彩等等，尤宜先拟就计划，以备实行布景时按序进行的。陈先生所讲的幕后细节中，所给我的印象是他们并没有计划，只是将要的东西的部位定出，临时"杂凑"借来填入，不知道事实是否如此？这印象尤其是陈先生提到"白布单子"一节。

　　台上的色彩不管经济状况如何，我认为绝对可以做到调和出有美术价值的样子来。沙发软到什么地位，我们怕要限于金钱和事势，颜色则容易得多了，弄到调和不该是办不到的。我对于"白布单"并不单是因为它像协和病房，却是因此我对于他们台上的色调发生很大疑心。照例台上不用白色东西的，除非极特别原因故意用它。因为白色过显，会"跳出来打在你眼上"（说句外国土话），所以台上的白色实际上全是"茶色"，微微地带点蜜黄色的，有时简直就是放在茶里泡一会儿拿来用。（也许他们已经如此办了，恕我没有看这戏，只能根据剧刊上文章。）绘画也是本这原则，全画忌唐突的白色，尤其是在背景里，并且这白单子是要很接近白太太的东西，它一定会无形中扰乱观众对于白太太聚精会神的注意，所以不止在美术上欠调和，并且于表演大有妨碍。

话已经说太多，实在正经问题没有讨论起一点，只好留之将来有机会和小剧院诸位细细面谈。他们幕后和设计最大困难我认为还是协和礼堂的戏台太浅不适用，我自己在那里吃过一次大苦，所以非常之表同情。还有一节便是配光问题，可是这次他们没提起我又没看到戏，现在也不必提了。关于戏台一节，以建筑师的眼光看来，既盖个礼堂可以容二三百人的，何在乎省掉那几尺的地面和材料，只用一个讲台？我诚实地希望将来一切学校凡修礼堂的不要在这一点上节省起来，而多多地给后台一点布景的机会，让"爱美"的学生团体或别人租用礼堂演戏演得痛痛快快。

　　再余上沅先生文章（7月12日）上提到"台左，有法国式的玻璃窗通花园像不像玻璃，是不是法国式"他们"不敢担保"，像不像玻璃我不在场不敢说，据一个到场的朋友说他没有注意到。是不是"法国式"问题，我却敢作担保，因为建筑上所谓"法国窗"（或译"法国式窗"）是指玻璃框到地的"门"而言（法国最多），那一天台上的"窗"的确是"门"，可以通到"花园"的，所以我敢担保它是个"法国窗"。玻璃不玻璃问题，后来陈治策先生倒提到"糊上玻璃纸开窗时胡拉胡拉响"，"玻璃纸"是什么我不知道，不过玻璃窗不用玻璃，或铁丝纱而又不响的有很多很经济的法子，倒可以试用的。

　　其余的都留到后来和小剧院诸位面谈吧。

　　又据赵元任夫人说第二次公演时，布景已较前圆满多多，布景诸位先生受观众评议后如此虚心，卖力气，精神可佩，我为小剧院高兴。

初刊于1931年8月2日《北平晨报》"剧刊"副刊第32期，署名林徽因。原标题为《设计和幕后困难问题》。

《中国建筑彩绘图案》序

　　在高大的建筑物上施以鲜明的色彩，取得豪华富丽的效果，是中国古代建筑的重要特征之一，也是建筑艺术加工方面特别卓越的成就之一。彩画图案在开始时是比较单纯的。最初是为了实用，为了适应木结构上防腐防蠹的实际需要，普遍地用矿物原料的丹或朱，以及黑漆桐油等涂料敷饰在木结构上；后来逐渐和美术上的要求统一起来，变得复杂丰富，成为中国建筑装饰艺术中特有的一种方法。例如在建筑物外部涂饰了丹、朱、赭、黑等色的楹柱的上部，横的结构如阑额枋檩上，以及斗拱椽头等主要位置在瓦檐下的部分，画上彩色的装饰图案，巧妙地使建筑物增加了色彩丰富的感觉，和黄、丹或白垩刷粉的墙面，白色的石基、台阶以及栏楯等物起着互相衬托的作用；又如彩画多以靛青翠绿的图案为主，用贴金的线纹、彩色互间的花朵点缀其间，使建筑物受光面最大的豪华的丹朱或严肃的深赭等，得到掩映在不直接受光的檐下的青、绿、金的调节和装饰；再如在大建筑物的整体以内，和它的附属建筑物之间，也利用色彩构成红绿相间或是金朱交错的效果（如朱栏碧柱、碧瓦丹楹或朱门金钉之类），使整个建筑组群看起来辉煌闪烁，借此形成更优美的风格，唤起活泼明朗的韵律感。特别是这种多色的建筑体形和优美的自然景物相结合的时候，就更加显示了建筑物美丽如画的优点，而这种优点，是和彩画装饰的作用分不开的。

在中国体系的建筑艺术中，对于建筑物细致地使用多样彩色加工的装饰技术，主要有两种：一种是"琉璃瓦作"发明之后，应用各种琉璃构件和花饰的形制；另一种就是有更悠久历史的彩画制度。

中国建筑上应用彩画开始于什么年代呢？

在木结构外部刷上丹红的颜色，早在春秋时代就开始了：鲁庄公"丹桓宫之楹，而刻其桷"，是见于古书上关于鲁国的记载的。还有臧文仲"山节藻棁"之说，素来解释为讲究华美建筑在房屋构件上加上装饰彩画的意思。从楚墓出土文物上的精致纹饰看来，春秋时代建筑木构上已经有一些装饰图案，这是很可能的。至于秦汉在建筑内外都应用华丽的装饰点缀，在文献中就有很多的记述了。《西京杂记》中提到"华榱璧珰"之类，还说："椽榱皆绘龙蛇萦绕其间"和"柱壁皆画云气花卉，山灵鬼怪"。从汉墓汉砖上所见到一些纹饰来推测，上述的龙纹和云纹都是可以得到证实的。此外记载上所提到的另一个方面应该特别注意的，就是绫锦织纹图案应用到建筑装饰上的历史。例如秦始皇咸阳宫"木衣绨绣，土被朱紫"之说，又如汉代宫殿中有"以椒涂壁，被以文绣"的例子。《汉书·贾谊传》里又说："美者黼绣是古天子之服，今富人大贾嘉会召客者以被墙。"在柱上壁上悬挂丝织品，和在墙壁梁柱上涂饰彩色图画，以满足建筑内部华美的要求，本来是很自然的。这两种方法在发展中合而为一时，彩画自然就会采用绫锦的花纹，作为图案的一部分。在汉砖上、敦煌石窟中唐代边饰上和宋《营造法式》书中，菱形锦纹图案都极常见，到了明清的梁枋彩画上，绫锦织纹更成为极重要的题材了。

南北朝佛教流行中国之时，各处开凿石窟寺，普遍受到西域佛教艺术的影响，当时的艺人匠师，不但大量地吸收外来艺术为宗教内容服务，同时还大胆地将中国原有艺术和外来的艺术相融合，加以应用。在雕刻绘塑的纹饰方面，这时产生了许多新的图案，如卷草花纹、莲瓣、宝珠和曲水万字等等，就都是其中最重要的。

综合秦、汉、南北朝、隋、唐的传统，直到后代，在彩画制度方面，云气、龙凤、绫锦织纹，卷草花卉和万字、宝珠等，就始终都是"彩画作"中最主要和最典型的图案。至于设色方法，南北朝以后也结合了外来艺术的优点。《建康实录》中曾说，南朝梁时一乘寺的门上有据说是名画家张僧繇手笔的"凹凸花"，并说："其花乃天竺遗法，朱及青绿所成，远望眼晕如凹凸，就视即平，世咸异之。"宋代所规定的彩画方法，每色分深浅，并且浅的一面加白粉，深的再压墨，所谓"退晕"的处理，可能就是这种画法的发展。

我们今天所能见到的实物，最早的有乐浪郡墓中彩饰；其次就是甘肃敦煌莫高窟和甘肃天水麦积山石窟中北魏、隋、唐的洞顶洞壁上的花纹边饰；再次就是四川成都两座五代陵墓中的建筑彩画。现存完整的建筑正面全部和内部梁枋的彩画实例，有敦煌莫高窟宋太平兴国五年（980年）的窟廊。辽金元的彩画见于辽宁义县奉国寺，山西应县佛宫寺木塔，河北安平圣姑庙等处。

宋代《营造法式》中所总结的彩画方法，主要有六种：一、五彩遍装；二、碾玉装；三、青绿叠晕棱间装；四、解绿装；五、丹粉刷饰；六、杂间装。工作过程又分为四个程序：一、衬地；二、衬色；三、细色；四、贴金。此外还有"叠晕"和"剔填"的着色方法。应用于彩画中的纹饰有"华纹""琐纹""云纹""飞仙""飞禽"及"走兽"等几种。"华纹"又分为"九品"，包括"卷草"花纹在内，"琐纹"即"锦纹"，分有六品。

明代的彩画实物，有北京东城智化寺如来殿的彩画，据建筑家过去的调查报告，说是："彩画之底甚薄，各材刨削平整，故无披麻捉灰的必要，梁枋以青绿为地，颇雅素，青色之次为绿色，两色反复间杂，一如宋、清常则；其间点缀朱金，鲜艳醒目，集中在一二处，占面积极小，不以金色作机械普遍之描画，且无一处利用白色为界线，乃其优美之主因。"调查中又谈到智化寺梁枋彩画的特点，如枋心长为梁枋全长的四分之一，而不是清代的三分之一；旋花作狭长形而非整圆，虽然也是用一整二破的格式。又说枋心的两端尖头不用直线，"尚存古代萍藻波纹之习"。

明代彩画，其他如北京定安门内文丞相祠檐枋，故宫迎瑞门及永康左门琉璃门上的额枋等，过去都曾经有专家测绘过。虽然这些彩画构图规律和智化寺同属一类，但各梁上旋花本身和花心、花瓣的处理，都不相同，且旋花大小和线纹布局的疏密，每处也各不相同。花纹区划有细而紧的和叶瓣大而爽朗的两种，产生极不同的效果。全部构图创造性很强，极尽自由变化的能事。

清代的彩画，继承了过去的传统，在取材上和制作方法上有了新的变化，使传统的建筑彩画得到一定的提高和发展。从北京各处宫殿、庙宇、庭园遗留下来制作严谨的许多材料来看，它的特点是复杂绚烂、金碧辉煌，形成一种炫目的光彩，使建筑装饰艺术达到一个新的高峰。某些主要类型的彩画，如"和玺彩画"和"旋子彩画"等，都是规格化了的彩画装饰构图，这样，在装饰任何梁枋时就便于保持一定的技术水平，也便于施工；并使徒工易于掌握技术。但是，由于这种规格化十分严格地制定了构图上的分划和组合，便不免限制了彩画艺人的创造能力。虽然细节花纹可以作若干变化，但这种过分标准化的构图规定是有它的缺点的。在研究清式的建筑彩画方面，对于"和玺彩画""旋子彩画"以及庭园建筑上的"苏式彩画"，过去已经作了不少努力，进行过整理和研究，本书的材料，便是继续这种研究工作所作的较为系统的整理；但是，应该提出的是：清代的彩画图案是建筑装饰中很丰富的一项遗产，并不限于上面三类彩画的规制。现存清初实物中，还有不少材料有待于今后进一步的发掘和整理，特别是北京故宫保和殿的大梁、乾隆花园佛日楼的外檐、午门楼上的梁架等清代早期的彩画，都不属于上述的三大类，便值得注意。因此，这种整理工作仅是一个开始，一方面，为今后的整理工作提供了材料；一方面，许多工作还等待继续进行。

本书是由北京文物整理委员会聘请北京彩画界老艺人刘醒民同志等负责绘制的，他们以长期的实践经验，按照清代乾隆时期以后流行的三大类彩画规制所允许的自由变化，把熟悉的花纹做不同的错综，组合成许多种的新样式。细部花纹包括了清代建筑彩画图案的各种典型主题，如夔龙、夔凤、卷草、西番莲、升龙、坐龙，及各种云纹、草纹，保存了丰富的清代彩画图案中可宝贵的材料。有些花纹组织得十分繁密匀称，尤其难得。但在色彩上，因为受到近代常用颜料的限制，色度强烈，有一些和所预期的效果不相符，如刺激性过大或白粉量太多之类。也有些在同一处额枋上纹饰过于繁复、在总体上表现一致性不强的缺点。

　　总之，这一部彩画图案，给建筑界提出了学习资料，但在实际应用时，必须分析它的构图、布局、用色、设计和纹饰线路的特点，结合具体的用途，变化应用；并且需要在原有的基础上，从现实生活的需要出发，逐渐创作出新的彩画图案。因此，务必避免抄袭或是把它生硬地搬用到新的建筑物上，不然便会局限了艺术的思想性和创造性。本集彩画中每种图案，可说都是来自历史上很早的时期，如云气、龙纹、卷草、番莲等，在长久的创作实践中都曾经过不断的变化、不断的发展；美术界和建筑界应当深刻地体会彩画艺术的传统，根据这种优良的传统，进一步地灵活应用，变化提高，这就是我们的创作任务。这本集子正是在这方面给我们提供了珍贵的与必要的参考。

初刊于1955年人民美术出版社出版的
《中国建筑彩画图案》，署名林徽因。

敦煌边饰研究

　　中国佛教初期的艺术是划时代的产品，分了在此以前的，和在此以后的中国艺术作风，它显然是吸收了许多外来的所谓西域的种种艺术上新鲜因素，却又更显然地是承前启后一脉贯通，表现着中国素来所独有的、出类拔萃的艺术特质。所以研究中国艺术史里一个关键就在了解外来的佛教传入后的作品。（中国的无名英雄的匠师们为了这宗教的活动，所努力的各种艺术创造，在题材、技术和风格的几个方面掌握着什么基本的民族的传统；融合了什么崭新的因素；引起了什么样的变革和发展了什么样艺术程度的新创造。）

　　佛教既是经由西域许多繁杂民族的传播而输入的，原发源于印度的宗教思想，它所带来的宗教艺术的题材大部都不是中国原有所曾有的。但是表现这宗教的艺术形式、风格、工具与手法，使在传达内容的任务中可达到激动情感的效果的，在来到中国以后必不可能同在印度或在西域时完全相同。佛教初入之时中国的佛教信徒在艺术表现上都倚赖什么呢？是完全靠异国许多不同民族的僧侣艺匠，依了他们的民族生活状况、工具条件和情调所创出的佛教的雕塑、绘画、建筑、文字经典和附属于这一切艺术的装饰图案，输入到中国来替中国人民表现传播宗教热诚和思想吗？一定不是的。那么是由中国人民匠工们接受各种民族传播进来的异国艺术的一切表现和作风，无条件地或盲目呆板地来模仿吗？还是由教义内容到表现方法，到艺术型类与作风，都是通过了自己民族的情感和理解、物质条件、习惯要求和传统的技术基础来吸收溶化许多种类的外来养料，逐步地创造出自己宗教热诚所要求的艺术呢？这问题的答案便是中国艺术史中重要的一页。

国内在敦煌之外在雕刻方面和在建筑方面，我们已能证实，为了佛教，中国创造出自己的佛教艺术。以雕刻为例，佛教初期的创造，见于各个著名的摩崖石窟和造像上，如云冈、龙门、天龙山、南北响堂山、济南千佛山、神通寺以及许多南北朝造像，都充分证明了，为了佛教热诚，我们在石刻方面的手艺匠工确实都经过最奇刻的考验，通过自己所能掌握的技巧手法，和作风来处理各种崭新的宗教题材，而创造出无比可爱、天真、纯朴、洒脱雄劲的摩崖大像、佛龛、窟寺、浮雕、各种大小的造像雕刻和许多杰出的边饰图案，无论是在主体风格、细部花纹、阳刻雕形和阴纹线条方面手法的掌握，变化与创造，都确确实实地保存了在汉石刻上已充分发达的旧有优良传统，配合了佛教题材的新情况，吸收到由西域进来的许多新鲜影响，而丰富了自己。南北朝与隋唐之初的作品每一件都有力地证明我们在适应新的要求和吸取新的养料的过程中最主要的是没有失掉主动立场而能迅速发展起来，且发展得非常璀璨，智慧地运用旧基础，从没有作不加变革的模仿；一方面创造性极强，另一方面丰富而更巩固了中国原有优良的传统。

但在有色彩的绘画艺术方面，一向总为了缺乏实物资料，不能确凿地研讨许多技术上问题。无论是关于处理写实人物或幻想神像，组织画面，背景或图案花纹，或是着色渲染，勾描轮廓的技术，我们都没有足够研究的资料可以分合比较，进行详尽的讨论。我们知道只有从敦煌丰富的画壁中才能有这条件。它们是那样丰富，有那样多不同年代的作品，敦煌在地理上又是那样的接近输入佛教的西域，同许多不同民族有过长期密切的交流，所以只有分析理解敦煌画壁的手法作风，在画题、布局、配色和笔触诸方面的表现，观察它们不自觉的和自觉的变化和异同，才真能帮助我们认识中国绘画源流中一个大时代。确实明白当时中国画匠怎样运用民族传统的画像绘色描线等的技术，来处理新输入的佛教母题，尤其重要的是因为佛教艺术为中国艺术老树上所发出的新枝。因为相信宗教可以解救苦难，所以佛教艺术曾是无数被压迫的劳苦人民和辛勤的匠人们所热烈参加的群众活动，因此它曾发展得特别蓬勃而普遍，不是宫廷艺术而是深深在人民中间的，逐渐形成一支艺术的主干。了解当它在萌芽时期和发展成长阶段对于今天的我们更是重要知识。

中国画匠怎样融会贯通各种民族杰出的各自不同的题材手法加以种种变革来发展自己，而不是亦步亦趋，一味地模仿或被任何异国情调所兼并吞没，如过去四五十年里中国工艺美术所遭受的破坏与迫害，正是我们今天应该学习而作为我们的借鉴的。

在敦煌这批极丰富且罕贵的艺术资料里，以绘画技术为对象来研究时就牵涉很多方面。首先就有题材的处理，画面的整个布

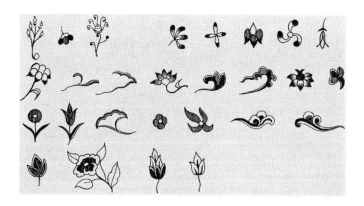

林徽因手绘边饰图样

林徽因手绘边饰图样

局，和每个画面在色彩上的主要格调。其次如关于佛像菩萨，和飞仙的体裁服饰和画法作风。再次还有各种画中的景物衬托，如云、山、水、石、树木、花草和各种动物，尤其是人的动作，马的驰骋等表现方法。再次还有画的背景里所附带的建筑、舟车、器物。末后才是围绕着画幅或佛像背光，装饰在人物衣缘或沿着洞窟本身各部分的图案花纹的问题。但这新萌芽的图案花纹和老干的关系，同其他许多问题一样地有着重大价值。尤其是这新枝，由南北朝到隋唐，迅速地生长繁殖充满活力而流行全国，丰富了我国千余年来的工艺美术。并且它们还流传到朝鲜、日本、越南，变化发展得非常茂盛，一直影响到欧洲18世纪早期和近代的工艺。

现在为了要认识在图案花纹方面本土的、传统的根底和新进来的养料如何结合，及当时匠师们如何以自己娴熟的优良的手法来处理新的方面而又如何将许多异国的新因素部分吸收进来，我们就必须先能分别辨认各种单独特征的来龙去脉，发现各种系统与典型规律。有了把握分别辨认，我们才有把握发现各种不同因素综合交流的例证，找出新旧的关系。分别辨认是研究各种民族艺术作风与形式的必要步骤，别的任何架空的理论都不能解决这认识的问题。

因此我们要了解敦煌画壁中的图案花纹，我们除了需要殷周战国秦汉三国两晋一切金石漆陶器物上纹样和在中国其他地区中的南北朝隋唐遗物来同敦煌的作较比。而同时还必须探讨佛教艺术在印度时本身的特征和构成因素。如最初大月氏种族占领的贵霜朝所兴起的佛教艺术的特点，健驮罗地方艺术作风中的希腊因素与波斯影响，中印度和南方原有的表现，鞠多王朝全盛的早期和颓废烦琐的后期与末期等。更重要的是佛教传入中国沿途所经过的各地方混居复杂民族的艺术作风以及他们同西方的波斯、远方的希腊、南方的印度和我们之间的种族文化上的关系。在库车（龟兹）为中心与以哈拉和卓（高昌）吐鲁番为中心的许多洞窟壁画的题材色彩手法和情调的根源，和在和阗附近，及尼雅楼阑等遗址中所发现的古代艺术残迹资料，便都将是我们重要的观察对象。先做了一番所谓分别辨认的准备工作，然后观察敦煌资料中最典型的类型，寻出何者为中国原有的生命与性质，何者为西域僧侣艺匠所输入的波斯、印度、希腊殖民地东罗马，何者又是经过自己匠师将外族输入的因素加以变革来适合自己民族的情调和风格，便比较的有把握了。

在集中讨论图案之前对于敦煌绘画的其他方面，我们可以说最先引人注意的，就是有许多显著的是当时中国民族传统风格很奇异而大胆地同佛教题材结合在一起。如画的布局，北魏洞窟中横幅正类似汉石祠石刻画壁，画的处理亦很接近晋代石棺，或是以二十四孝为题材的那种刻石。盛唐洞壁上净土经变的布局组织都以一座殿堂（所谓宝楼）为主要背景，佛像菩萨则列坐其间或其前，前阶台上和两旁对称的廊庑之间则安置各种舞蹈作乐或听法的菩萨，这种部署还依稀是汉石祠正中主题的布局。印度佛教画如阿姜塔洞窟壁画的布局就同以上所举，敦煌的两种都不同，佛的坐处如小型建筑物的很多，也有菩萨很大的头肩由云中飘忽出现，俯瞰底下尘世王子后妃作乐，所谓王子观舞等场面。佛经故事在画幅中的组织，敦煌的也同印度西域等不同。库车附近，洞中有一例将画面用不同的两三色，主要是青和绿，画成许多棱形叶子，分几个排列，每个叶子中画一故事。敦煌北魏窟中的经变将不同时间的题材组织在一个横幅之中，如舍身饲虎图等。唐窟则皆以主要净土经变放在壁面当中，两旁和下段分成若干方格或长方形画框，每框一事一题。四川大足县摩崖石刻布局也是如此。又如在敦煌所画的北魏隋唐飞仙，正同云冈龙门、天龙山石刻浮雕上所见到的一样，是中国自己独创的民族形式同西域的、印度的或葱岭西边通印度的巴米安谷中的佛龛上，波斯印度希腊混合型的，都不一样，在气质上尤其不同。敦煌北魏的佛像菩萨塑像残毁或重修之后不易见到在他处石刻上所有的流畅俊美的刀刻手法，但在绘画上的局部衣纹都保持有汉晋意味，衣褶裙裾末端或折角处锐利劲瘦的笔法仍是那种洒脱豪放随笔点落而产生的风格。尤其是飞仙的姿势生动，披肩和飘带迎风飞舞，最能令人见到下笔时腕力和笔触的练达遒劲，真是气韵生动、痛快淋漓、无比可爱、无比可贵的民族作风。敦煌画壁上许多衬托的景物，如树木云山、马的动作和建筑物的描写也都富于传统精神，或从汉画脱胎而出，或同我们所仅有一些晋画（包括石棺画石）都极为神似，同时又开了后代铁线细描的基本作风。凡以种种显而易见的都只能说是笔者的大略印象，没有专家的分析阐明之前当然不能据此作何结论，这里只是指出敦煌早期的画壁上有一望而见到的民族作风雄厚的根底和在此上面所发展创造出来的佛教画。

但当我们转到洞窟的装饰图案花纹这一方面时，可引起显著的注意的却恰恰相反，初见之时只见到新的题材手法来得异常大量，也异常突兀，花纹绘饰的色彩既特殊，手法又混淆变化，简

林徽因手绘边饰图样

直有点无法理喻它们的源流系统。而同时凡是我们所熟识的认为是周秦汉晋的金石的刻纹、陶漆器物上的彩饰、秦砖汉瓦等的典型图案，在这里至少初步的印象下，都像是突然隐没毫无踪影。主要的如同秦铜器上的饕餮、夔龙、盘蛇走兽、雷纹波纹，战国的铜器上、楚漆上、汉镜上，各种约略如几何形状的许多花纹，和兽类人物、云气浪花、斜线如意钩等，或是瓦当上、墓壁上、石阙上所见的四神——青龙、白虎、朱雀、神武等形式，在敦煌都显著地不见了！一切似乎都不再被采用，竟使我们疑问到这里的图案是否统统为异族所输入的，但当我们再冷静地一看，在绘饰方面除却塑型的莲座外，不但印度的图案没有，希腊波斯系的也不见有多少，所谓西域的，如在库车附近许多洞窟壁画所见和它们同样式的也是没有的。那么这许多灿烂动人的图案都是从哪里来的呢？它们是怎样产生的呢？

当我们仔细思考一下，第一个重要的原因，当然是图案同器物的体型和制造材料及功用是分不开的。第二个原因，则是它同所在地方的民族工艺的传统也是分不开的。从立体器物方面讲，敦煌洞窟原是一种建筑物。所以如果我们要了解它的装饰图案，我们必须由了解建筑装饰的立场下手。从这个出发点来检查敦煌图案的系统，我们就会很快发现一条很好的线索指出我们可以理解它们的途径。在地方民族工艺传统方面讲，敦煌是中国的地方，洞窟也部分的是中国木构，大多数的画匠又是汉族的人民。他们有着的是根深蒂固的中国传统，而且是汉全盛时代的工艺方面的培养。

因为敦煌洞窟原是一种建筑物，在传入中国及西域之前这种窟寺在印度是石造的佛教建筑物，所以在建筑结构细部上面的装饰是石刻为主的花纹。最早创始于印度佛教艺术的健驮罗地区的居民中是有过。在公元前，就随亚力山大大帝经由波斯而进入印度的希腊的兵卒和殖民，稍南的西海岸上，则有从小亚细亚等地，在第一世纪以后经波斯湾沿海而来的各种商贾人民，所以艺术中带着很显著的直接或间接希腊的影响，尤其是在人像雕刻和建筑细部图案方面的发展最为显著。这种印度的佛教的"石窟寺"，在传到敦煌之前先传到塔里木盆地中无数伊兰语系的西域民族的居留地，如天山南麓龟兹马者，吐鲁番一带造窟都极盛行。但它们同在敦煌一样因为石质松软洞壁不宜于石刻，所以一切装饰都是用彩色绘画的。因此也以彩画代替窟内应有的结构部分和上面的雕刻装饰的。所以西域就有多种彩绘的边饰图案都是模仿建筑物上的藻井柱额石楣、椽头、叠涩等雕刻部分与其上的浮雕花纹。在敦煌这种外来的以彩绘来模拟雕刻的图案也是很显著的，最典型的就是有用"凹凸画法"的椽头、万字纹，和以成列的忍冬叶为母题的建筑边饰，用在洞顶下部墙壁上部的横楣梁额等位置上，茏沿券门上和槛墙上端的横带上。

但是敦煌的石窟寺仍然为中国本土的建筑物，它不可能完全脱离中国建筑的因素。在敦煌边饰中有许多正画在洞顶藻井方格的枝条上的，和人字坡下并列的椽子上的，和其他许多长条边饰显然不是由于模拟雕刻的花纹而来，就因为中国建筑是木构的系统，屋顶以下许多构材上面自古就常有藻饰彩画的点缀。《三辅黄图》述汉未央宫前殿，就提到"华榱璧珰"，《西京杂记》则更清楚地说"椽榱皆绘龙蛇萦绕其间"又说"柱壁皆画云气，花卉，山灵，鬼怪"。所以这样就使我们必需注意到敦煌边饰的两个方面，一是起源于石造建筑的雕刻部分的外来花纹主要的如忍冬叶等，一是继续自己木构上彩画的传统所谓"云气龙蛇萦绕"的体系。我们在山东武氏石祠壁上、祁祢明书像石上、孝堂山石祠壁上、磁县古坟的石门楣上都见到一种变化的云纹，这种云纹也常见于楚漆和汉代陶质加彩的器物上。在汉墓的砖柱上则确有"龙蛇萦绕"的图案。这两种图案在敦煌边饰中虽然少也都可找到原样。如朱雀形类的祥鸟也有一些例子。唐以后的卷草气势极近似云纹，卷草正如云的波动，卷头又留有云状的叶端的极多。和火焰纹混合似火而又似云的也有，都可以从中追寻那发展的来踪去迹。所谓"云气花卉山灵鬼怪"的作风则渗入壁画的上部，宽以上或洞顶斜面中，组成壁画的一部。

当雕刻型与彩绘型两种图案体系都是以粉彩颜料绘出成为边饰时区别当然很少，但有一个本来基本上不同之处经过后来的掺和相混才不显著，我们必须加以注意。就是雕刻型的图案在画法上有模仿凹凸雕刻的倾向，要做成浮雕起伏的效果，组织上多呆板地排列，而绘画型的图案则是以线纹笔意为主的绘画系统，随笔作豪放的自由处置。

我们不知道《建康实录》中所说南朝梁时的一乘寺的寺门上所画"凹凸花称张僧繇手迹者"是什么，但如所说"其花乃天竺遗法，朱及青绿所成，远望眼晕如凹凸，就视即平，世咸异之"，则当时确有这种故意仿浮雕的画法且是由印度传入的。在敦煌边饰中我们所见到的画法在敷色方面的确是以青绿及朱的系统所成，主要是分成深浅的处理方法。底色多深赭，花纹色则鲜

林徽因手绘边饰图样

艳，青、绿、黄、紫都有，每色分两道或三道逐层加深，一边加重白粉几乎成白色，并描一条白粉线，做成花或叶受光一面的效果；另一边则加深颜色再用一道灰色或暗褐色，略如受影一面的效果。目的当然是为仿雕刻所产生的凹凸。在沿用中这个方法较机械地使用久了便迷失了目的，讹误为纯粹装饰的色彩分配时大半没有了凹凸效果而产生了后代彩画所称的"退晕"法，即每色都分成平行于其轮廓的等距离线，由深到浅或由浅到深，称退晕。几个颜色的退晕交织在一个图案中，混合了对比与和谐的最微妙的图案上作用。这种彩画和写实有绝对的距离，非常妍丽而能使彩色交互之间融洽安静没有唐突错杂之感。

以线纹为主的、中国传统的、有色的图案仍然是老老实实着重于线条的萦绕的。如龙蛇纹或如漆器铜器上的饰纹等，但两线间可有"面"，这种"面"上还加线，可受不同颜色的支配，使主要图案显露在底色以上，但图案仍以线和面相辅而成所谓纹。这个"纹"和"地"的关系便做成装饰效果。所以最有力的是线纹的组织变化、萦绕或波动。作图时也以此为重点，便养成画工眼与手对连续线纹的控制所谓一笔到底、一气呵成的成分，而喜欢萦回盘绕。中国风图案的高度成就重点也就在此。这里还牵涉技术方面工具的因素，中国传统的笔的制法和用笔的方法，下文便还要讨论到。其次是着色的面，所以对于明暗法的凹凸没有兴趣而将它改变成退晕法的装饰效果。

很显然，这两种图案，至少在敦煌，起源虽不同，而在沿用中边饰的处理方法和柱壁上飞仙云气草叶互相影响混而为一，很快地就结合成一个统一的手法，不易分出彼此，如忍冬叶的变

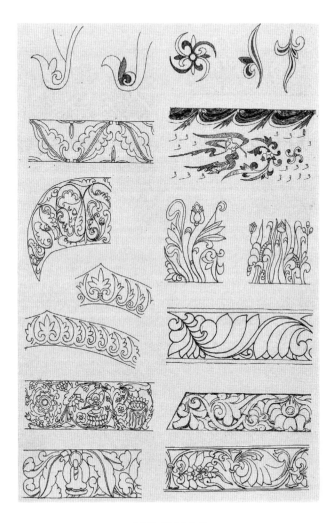

林徽因手绘边饰图样

化。上文所说我们的匠师能将新因素加以变革纳入自己系统之中，这里就是一例。萦绕线条的气势再加以"退晕"着色的处理，云气山灵鬼怪龙蛇萦绕等主题上又增加了藤蔓卷草宝花枝条的丰富变化，就无比大胆而聪明地发展开来。

敦煌边饰中还有一个第三种因素，就是它受到编织物花纹影响的方面，乃至于可说是绫锦图案的应用。除用在椽楣枋等部分外，更多用在区隔墙上各画幅的框格边缘上。这不是没有原因的。上文已提到过敦煌洞窟是建筑物，尽管它的来源是印度和西域，它同时还是在中国本土上的建筑物，不可能完全脱离中国建筑中许多构成因素。中国建筑装饰的传统里有同丝织物密切的关系的一面，所以敦煌洞窟的装饰图案必然地也会有绫锦花纹这一方面的表现。

更早的我们尚缺资料，只说远在秦汉，我们所知道的一些零星记录。秦始皇的咸阳宫是"木衣绨绣，土被朱紫"，便是足够说明当时的建筑物的土壁上有画，而木构部分则披有锦绣。在汉代的许多殿内则是"以椒涂壁，被以文绣"，或是"屋不呈材，墙不露形，裹以藻绣，络以纶连"。所谓"裹"据《文选》李善注"裹，缠也""纶，纠青丝绶也"。这些"文绣"和"藻绣"起初当然是真的丝织缠着挂着的，后来便影响到以锦绣织文为图案描到壁上的木构部分，如我们在汉砖柱和汉石祠壁上横楣横带上所见。

最初壁上的藻绣同当时衣服上的丝织绫锦又有没有关系呢？有的，《汉书·贾谊传》里："美者黻绣是古天子之服，今富人大贾嘉会召客者以被墙！"又如"今庶人屋壁得为帝服"，及

"富尼墙屋被文绣，天子之后以缘其领，庶人孽妾缘其履"。都说出了做衣服的丝织竟滥用到墙上去。且壁上的文绣的图案也可以用到衣领和鞋的边缘上来。在敦煌画中盛唐人物的衣领袖口边饰图案的确同用在墙上画幅周围的是相同的。

记载资料中如唐张彦远的《历代名画记》中论，"装背裱轴"，就说明六朝已有裱褙字画的办法。那么绫锦和画幅自然又有密切关系，在唐时丝织花纹又发展到壁画的框沿上自是意料中的事。汉武氏祠石刻画壁上横隔的壁带上用的是以斜方形为装饰的图案。汉画像砖的边缘不但用棱形方格，也多用上下锐角的波纹，都是由于丝织物的编纹而来的图样。在敦煌早期窟中椽上和藻井支条上也多用斜纹方格图案。这种斜方格或棱形图案亦多见于人物衣上，更无疑的是丝织物所常用的织纹。汉称锦为织文，《太平御览》曾引《西京杂记》汉宣帝将其幼时臂上所带宝镜"以琥珀笥盛之，缄以戚里织成，一曰斜文织成"。在这方面我们还有两处宋代的资料。一是宋代所编的《营造法式》一书里论"彩笔作"的一篇中称棱形图案为"方胜合罗"，方胜本为斜方形的称呼，"罗"字指明其为丝织。又一处是宋庄绰《鸡肋篇》中说"虽小儿能捻茸毛为线织方胜花"，可见斜方形花是最易编织的花纹图案。在唐大历六年关于丝织花纹的禁令上所提到的名称，如盘龙、对凤、孔雀、芝草、万字等中间也有"双胜"之名，当是重叠的菱形图案。菱形普遍地作为丝织物图案当无疑问。敦煌中菱形花也在早期洞中用于椽和支条上，更可表明它是继续原来传统如在汉砖柱砖楣上所见。

敦煌边饰除卷草外最常见的是画幅周沿的"文绣"纹，而

林徽因手绘边饰图样

"文绣"纹中除菱形外就是"圆窠"。这两者之外就是半个略约如棱形的花纹的对错,和半个"圆窠"花纹的对错,此外就是"一整两破"的菱形或图案。这些图案也都最常见于衣缘,证明其为文绣绫锦的正常图案。唐绫锦的名称中就有"小圆窠""窠文锦""独窠""四窠""镜花绫"等,都是表示文绣中的团花纹的。而其中的"独窠"当是近代所谓大团花。内中花纹如对雁、对鹰、对麒麟、对狮子、对虎、对豹,在唐武则天时曾是表示官职荣誉的,而在唐开元十九年玄宗时又曾敕六品以下不得"着独窠绣绫,妇人服饰各依夫子"等语,如此严重当已成为阶级制度的标志了。

几何纹的图案中还有一种龟甲锦文称龟背锦的,也是唐的典型,常见于人物衣袍上面。此外在唐以前北魏西魏和隋的洞窟边饰中还有多种非中国的丝织物花纹,显著地表现着萨珊波斯的来源,如新月形飞马大圆窠孔雀翎等。这些图案多用小白粉点、小圆圈或连珠圆点等点缀其间,疑为蜡染手法所产生的处理方法,但这些图案不多见于建筑物上,而是描于人像衣服上的。显为当时西域传入的波斯系之丝织物,不属于中国的锦文类内。

总之,敦煌图案花纹有主要的三种来源。一是伊兰系的石刻浮雕上的图案花纹,代表这种的是各种并列的忍冬叶纹。二是秦汉建筑物上的云气龙纹系统的图案,这种图案在敦煌多散见于壁画上或人字坡下木椽之间等。三是"文绣"锦文的系统,多见于画幅周沿亦见于人物衣领上者。这三种来源基本的都是发展在建筑结构上的装饰同建筑结合在一起的。第一、第二两种来源性质虽不相同但在敦煌的条件下它们都是以粉彩画装饰建筑中的虚构的结构部分，既非石造也非木构，只是画在泥壁上的长条边饰，所以很快就彼此混合产生了如云又如龙的长条草叶装饰图案。唐卷草就是最成熟的花样。以上的三种图案在敦煌的洞窟外木造建筑部分中也被应用在梁柱门楣藻井支条上。后代所常用的丰富的中国建筑彩画的主要源流都可以追溯至此。同时在敦煌之外的地区里凡是金属和木作的器物，玉作石刻的装饰也都可以应用这些为刻镂的图案。唐宋所发展的彩缋锦绣丝织上的纹样也同这里建筑上所见的彩画系统始终保持着密切关系，互相影响。唐宋绫锦无疑也常用卷草，所谓盘条缭绫不知是否。此外今日所知织锦名称中唐宋以来只有"瑞草"一名提到草的图案，其他如"偏地杂花""重莲""红细花盘雕"等则无一指示其为卷草，而都着重于卷在它们的当中的花。在实物方面和画中人物的衣上所见到若干证例，也是以草卷花而名称，当然便随花了。在建筑上后代用菱形龟背鳞甲锦文的彩画则极普遍，宋营造法式的彩画作中就详画各种锦文的规格名称，锦文在彩画中始终占重要位置。

这一切都不足为怪，事实上佛教绘画中的一切图案都发展到整个工艺范围以内的装饰方面。或绘，或雕、镶嵌、刻镂，或织，或绣，陶瓷、五金，各依材质都可以灵活处理，普遍地应用起来，各地发掘唐墓中遗物，和日本皇室所保存的唐代器物都可供参证。当中国佛教艺术兴盛之时，造像同工艺美术也随着佛教的传播流传入朝鲜和日本。现在从朝鲜三国时期，和日本推古天王时期，天平、平安时代的遗物里都看得清清楚楚南北朝和唐的影响。日本至今对北魏型或唐代卷草都称作"唐草"，尤为有趣。

敦煌图案中最引人注意的是北魏洞中四瓣侧面的忍冬草叶的

图案型类，和唐卷草纹的多种变化和生动，再次则为忍冬以外手法和题材上显然为各种外来新鲜因素的渗入。如白粉线和小散花的运用，题材中的飞马连珠等，末后则是绫锦纹的种类和变化。今分述如下：

北魏忍冬草叶纹。在全世界里的各种图案体系中追寻草叶纹的根源，发现古代植物花纹是极少且极简单的。埃及的确有过花草类图案，它有过包蕊水莲和芦苇花等典型的几种，但这些传到希腊体系的图案时已演成"卵和箭镞"的图案，原样已变动得不可辨认，在小亚细亚一带这一类"卵和箭镞"和尖头小叶瓣都还保持使用，至传入印度北部的健驮罗雕刻时这两种的混合却变成了印度佛教像座或背光上最常用的莲瓣，后来随佛像传入中国便极普遍地为我们所吸引，我们的南北朝期的仰莲覆莲，莲瓣纹都有极丰富的发展，是各种像座和须弥座上最主要的图案，而且唐宋以来还普通地应用到我们的柱础上。

第二种可以称为植物花样的只有巴比伦—亚述系统的一种"一束草叶"的图案，和极简单的圆形多瓣单朵的花。除此之外，说也奇怪，世界上早期的图案中，就没有再找到确为花或草的纹样。原始时期的民族和游牧狩猎时代产生了复杂的几何纹和虫蛇鸟兽，对于花草似乎没有兴趣。就是这"一束草"也还不是花叶，只不过是一把草叶捆在一起的样子。"一束草"图案是七个叶瓣束紧了，上端散开，底下托着的梗子有两个卷头底下分左右两股横着牵去，联上左右两旁同样的图案，做成一种横的边饰。这种边饰最初见于亚述的釉墙上面。这个式样传到小亚细亚西部，传到古希腊的伊恩尼亚，便成了后来希腊建筑雕刻上一种重要图案。上面发展出鸡爪形状的叶瓣，端尖向内，底下两个卷头扩大了成为那种典型的伊恩尼亚卷头。在希腊系中这两个卷头底下又产出一种很写实的草叶，带着锯齿边的一类，寻常译为忍冬草的，这种草叶，愈来愈大包在卷头的梗上，梗逐渐缩小变成圈状的、缠绕的藤梗。这种锯齿忍冬叶和圈状梗成了雕刻上主要图案，普遍盛行于希腊。最初的正面鸡爪形状叶反逐渐缩小，或成侧置的半个，成为不重要部分。另外一种保持在小亚细亚一带，亦用于希腊古代红陶器上的是以单纯黑色如绘影的办法将"一束草"倒转斜置，而以它的卷头梗绕它的外周。这也可说是最早的"卷草纹"，这图案亦见于意大利发掘的古代伊脱拉斯甘的陶棺上。这种图案梗圈以内的组织仍然是同原来简单的一束草没有两样。

锯齿边的忍冬草在伊恩尼亚卷下逐渐发展得很大很繁复，成了希腊艺术中著名的叶子。叶名为"亚甘瑟斯"，历来中国称忍冬叶想是由于日本译文。亚甘瑟斯叶子产于南欧，在哥林斯亚的柱头上所用的最为典型。每一叶分若干瓣，每一瓣再分若干锯齿；瓣和瓣之间相连不断，仅作皱纹，纹凸起若脉络。另一特征是这种叶子的脉络不是从中心一梗支分左右，而是从叶座开始略平行于中间主脉，如白菜叶的形状。

这种写实的"亚甘瑟斯"叶子发展到成熟时，典型的图案是以数个相抱的叶子做个座，从它们中间长出又向左右分开的两个圈状的梗，两梗分向左右回绕但每梗又分两支，一支向内缠卷围绕，一朵圆形花在它圈中，另一支必翻转相反的方向又自作一圈。沿梗必有侧面的亚甘瑟斯叶包裹在上面，叶端向外自由翻卷做成种种式样。这个图案在罗马全盛时代在雕刻中最普遍，始终

林徽因手绘边饰图样

林徽因手绘边饰图样

极其变化写实的能事。它的画法规则很严格，在文艺复兴后更是被建筑重视而刻意模仿。所以这种亚甘瑟斯或忍冬卷草是西方系统古典希罗艺术主要特征之一。凡是叶形的图案，几乎无例外地都属于这个系统。

但在敦煌北魏洞中所见是西域传入的"忍冬草叶"图案，不属于希罗系统。它们是属于西亚细亚伊兰系的。这种叶子的典型图案是简单的侧面五瓣或四瓣，正面为三瓣的叶子，形状还像最初的一束草，正像是从小亚细亚陶器上的卷草纹发展出来的。这个叶子由一束分散的草瓣发展到约略如亚甘瑟斯的写实叶子。主要是将瓣与瓣连在一起成了一整片的叶子。它不是写实的亚甘瑟斯，而是一种图案中产生的幻想叶子。它上面并没有写实的凸起的筋络，也不分那繁复的锯齿，自然规则大小相间而分瓣等等。这种叶子多半附于波状长梗上左右生出，左旋右转地做成卷草纹边饰图案的。

这种叶瓣较西方的亚甘瑟斯叶为简单而不写实，但极富于装饰性。叶子分成主要的数瓣，瓣端或尖或卷按着旋转的姿势伸出或翻转。侧面放置时较为常见都是分成两三个短瓣一个长瓣，接近梗的地方常另有一瓣从对面翻出，变化也很多。如果是正面安置时，正中一瓣最长，两旁强调最下一瓣向外的卷出，整个印象还保持着"一束草"雏形时的特征，底下的两卷则变化较大，改成种种的不同的图案。这种的忍冬卷草叶纹是东罗马帝国时代拜占庭雕刻的特点。这种叶子所组织成的卷纹图案也曾受一些西罗马系的影响，所以有一些略近于亚甘瑟斯卷纹。但在大体上是固执的伊兰系的幻想的忍冬叶。罗马帝国灭亡之后，由基督教再传入欧洲时最普遍地见于中世纪早期的基督教雕刻与绘画上，更多见于地木雕板和象牙雕刻上。这就是著名的罗曼尼斯克的草纹，当时完全代替了古典的罗马写实卷草，不但盛行于西欧各处中世纪教堂中，也普遍地出现于北欧和东欧的雕刻图案上。

在敦煌早期洞窟中所见的忍冬叶有极不同的两种。一种就是这里所提到的道地的伊兰系的忍冬叶。组织成雕刻型的边饰，以粉彩用凹凸法画出的。这种画案很多是将侧面叶子两两相对，或颠倒相间排列成横条边饰，如在几个北魏洞的壁带上，墙头上和佛龛券沿上所见。这种图案显然是由西域输入的。但很多凹凸法已因色彩的分配只有装饰效果没有起伏。另一种是画在墙壁上段壁画中的。在一列画出的幕沿和垂带底下，一整组的叶子和一个飞仙约略做成一个单位，成列地横飞在空中，飘荡地驾在云上。幕和垂带、飞仙的飘带、披肩、衣裙、周边忍冬叶都像随着大风吹偏在一面。

这种运用腕力自由地在壁上以伶俐洒脱的手笔画出的装饰图案，是完全属于汉代两晋画风的。这种同飞仙云气一起回荡的忍冬叶不组织成为边饰，只是单个的忍冬叶子的式样，属于上面所说的伊兰系统的图案。两两相对雕刻型的忍冬叶边饰中，叶子和这一种作风和处理方法如此之不同，却同见于一个早期的洞内，说明雕刻型的保持着西域输入的原状，且装饰在石造建筑物原有这种雕刻的位置上；而绘画型的则是完全以自己民族形式的手法当作画壁来处理，老实不客气地运用所谓"柱壁皆画云气，花卉，山灵，鬼怪"的作风，将忍冬叶也附带着吸收进去。这样的忍冬叶虽来自西域，但经中国画师之手和飞仙组织在一起，叶瓣也像凭风吹动，羽化登仙，气韵生动飘洒自然完全地民族形式化了，洞壁上部所见就是一例。

前边所提出当时画工是否能吸收新鲜养料，而保持原有优良体系而更加丰富起来，这种忍冬叶的汉化就给我们以最肯定的回答。

更可惊异的是这完全以汉画手法来处理的忍冬叶，和含有雕刻性质的伊兰系的忍冬叶图案，并不从此分道扬镳，各行其是。很迅速地，它们又互相影响。绘画型的豪放生动的叶子竟再组织到边饰的范围内，且还影响到真正石刻上的忍冬叶图案，使每个叶子的姿势脱离了原来的伊兰系的呆板而大为活泼。南北响堂山石窟寺石楣上忍冬草纹的浮雕实可算雕刻图案的杰作，尤其是浮雕极薄也是出于传统手法，刻工精美而简练，更产生特殊的效果。这种经过汉风变革过的伊兰系忍冬草纹也是当时传入朝鲜日本的最典型的图案之一，且是唐以前的一种特征。因为它同盛唐的卷草纹又极为不同。唐初所发展的草叶另属一个系统，彼此之间仅有微妙的关系，当在唐卷草一节中再详细讨论了。

北魏到隋的洞窟中有极明显的外来因素，还没有经过自己体系融化收纳的，这外来的手法特征仅有某一些是所谓健驮罗风，由于发掘资料知道佛像在西域多采用模型翻制，所以相当保有浓重的健驮罗中希腊意味，情形同画壁显著受波斯风手法的不同。

在敦煌洞中塑像曾几经重装，很难指出原来的特点，但在佛座上所刻莲瓣而论，健驮罗风是充足的。除此之外在画壁上多处所见的不是汉晋的手法就是浓重的波斯型的西域作风。在装饰上使我们最注意的是用白粉描线和打小点子等手法，尤其是龛壁底色是深色的。这种白粉线的应用同库车附近各窟中的画壁上的很近似，白粉很明显的是当时龟兹伊兰语系民族索格特的画工所常用的画料。在中国，白粉从汉代起就曾应用于彩画的陶器上面。但汉宫典质里提道："以胡粉……"[1]

　　未完，底下尚未找着。[2]

据原稿刊印。本文系作者未完成稿，初刊于2001年10月四川文艺出版社出版的《林徽因文存》。

---

[1] 后文已佚。

[2] 此处系林徽因自注。

设计与绘画作品欣赏

人民英雄纪念碑设计

1953 年，林徽因为人民英雄纪念碑碑座设计的雕饰刻样

林徽因墓，林徽因去世后，梁思成将雕饰刻样嵌在她的墓碑上

校徽设计

1929 年，林徽因为东北大学设计的校徽

封面设计

《学文》月刊（1934年第1卷第1期，林徽因为其设计封面并在该刊发表小说《九十九度中》。）

《大公报》"小公园"副刊（1935年7月，林徽因、梁思成为其设计报头图案。）

《晨报五周年纪念增刊号》(1923年12月1日，林徽因为其设计封面并在该刊发表译作《夜莺与玫瑰——奥司克·魏尔德神话》。)

《晨报五周年增刊》(1924年，林徽因为其设计的封面。)

贺片设计

1926 年圣诞节，林徽因设计的贺卡

绘画作品

林徽因水彩画作《故乡》（之一）

林徽因水彩画作《故乡》（之二）

编辑说明

　　林徽因先生是民国时期富有传奇色彩的人物，大家都熟知她诗人、作家的身份，她的诗文作品《你是人间四月天》《莲灯》等被广为传诵。但她的本职是中国第一位女性建筑学家，是中华人民共和国国徽和人民英雄纪念碑的设计者之一，她保护和拯救中国古建，参与改造传统景泰蓝工艺……因此，我们选择了林徽因先生谈建筑和设计的相关文章，编成此书，献给读者朋友们。

　　本书主要选择林徽因先生建筑方面的论文与随笔，以及设计作品、美术作品等。在编辑的过程中，按照现代语言习惯，对于文中少量的字词及标点符号进行了酌情地修改，以确保读者阅读的流畅性。针对全书体例的统一性和便于阅读性，也对文中部分标题进行了重新编撰。此外，书中收入林徽因相关手稿、旧照，向读者朋友们全面地展示她的艺术才华和作为。

　　编辑这本《左手建筑右手设计：林徽因谈建筑与设计》，是希望读者朋友们在阅读之后，能够感受到一位与印象中不一样的林徽因，她的理性与感性，她的气质与才华，她的灵感与天赋，以及她对建筑事业的执着与热爱。以此，收获关于古建的趣味常识，领略建筑和设计艺术的无尽魅力。

图书在版编目（ＣＩＰ）数据

　　左手建筑右手设计：林徽因谈建筑与设计 / 林徽因
著. -- 上海：上海人民美术出版社，2023.6（2024.1重印）
（艺术是什么）
　　ISBN 978-7-5586-2689-0

　　Ⅰ. ① 左… Ⅱ. ① 林… Ⅲ. ① 建筑学－文集 Ⅳ.
①TU-53

　　中国国家版本馆CIP数据核字(2023)第069418号

左手建筑右手设计：林徽因谈建筑与设计

著　　者：林徽因

责任编辑：孙　青　张乃雍

技术编辑：齐秀宁

排版制作：朱庆荧

出版发行：上海人民美术出版社

　　　　　（地址：上海市闵行区号景路159弄A座7F）

　　　　　邮编：201101

网　　址：www.shrmbooks.com

印　　刷：上海丽佳制版印刷有限公司

开　　本：787×1092　　1/32　　7印张

版　　次：2023年6月第1版

印　　次：2024年1月第2次

书　　号：ISBN 978-7-5586-2689-0

定　　价：68.00元